当代石油和石化工业技术普及读本

勘探

（第三版）

中国石油和石化工程研究会　组织编写
王毓俊　执笔

中国石化出版社

图书在版编目（CIP）数据

勘探 / 中国石油和石化工程研究会组织编写. —3 版.
—北京：中国石化出版社，2012. 4
（当代石油和石化工业技术普及读本）
ISBN 978 - 7 - 5114 - 1458 - 8

Ⅰ. ①勘… Ⅱ. ①中… Ⅲ. ①油气勘探 - 普及读物
Ⅳ. ①P618. 130. 8 - 49

中国版本图书馆 CIP 数据核字(2012)第 030743 号

中国石化出版社出版发行
地址：北京市东城区安定门外大街 58 号
邮编：100011　电话：(010)84271850
读者服务部电话：(010)84289974
http://www.sinopec-press.com
E-mail：press@sinopec.com
北京宏伟双华印刷有限公司印刷
全国各地新华书店经销
*
850 × 1168 毫米 32 开本 2.875 印张 52 千字
2012 年 4 月第 3 版　2012 年 4 月第 1 次印刷
定价：12.00 元

前　言

《当代石油和石化工业技术普及读本》(以下简称《普及读本》)第一版共包括了11个分册，2000年出版发行；2005年起根据石油石化工业的新发展和广大读者的要求，在修订了原有分册的基础上，补充编写了海洋石油开发、天然气开采等8个新的分册，于2007年出版发行了《普及读本》第二版；2009年我们又组织编写了煤制油、乙醇燃料与生物柴油等7个分册。至此，《普及读本》第三版共出版了26个分册，涵盖了陆上石油、海洋石油、开采与储运、天然气开发与利用、石油炼制与化工、石油化工绿色化及信息化、炼化企业污染与防治等石油石化工业相关领域的内容。

《普及读本》以企业经营管理人员和非炼化专业技术人员为读者对象，强调科普性、可阅读性、实用性、知识及技术的先进性，立足于帮助他们在较短的时间内对石油石化工业各个技术领域的概貌有一个基本了解，使其能通过利用阅读掌握的知识更好地参与或负责石油石化业的管理工作。这套丛书作为新闻出版总署“十五”国家科普著作重点出版项目，从开始组织编写到最后出版，我们在题材的选取、大纲的审定、作者的选择、稿件的审查以及技术内容的把关等方面，都坚持了高标准、严要求，力求做到通俗易懂、浅入深出、由点及面、注重实用，出版后，在社会上，尤其是在石油石化行业和各级管理部门产生了良好影响，受到了广泛好评。为了满足读者的需求，其中部分分册还多次重印。《普及读本》的出版发行，对于普及石油石化科技知识、提高技术人员和管理人员素质起到了积极作用，并荣获2000年度中国石油化工集团公司科技进步三等奖。

近年来，石油石化工业的发展日新月异，先进技术不断涌现；随着时间的推移，原有部分分册中的一些数据已经过时，需要更新。为了进一步完善《普及读本》系列读物，使其内容与我国石油石化工业技术的发展相适应，我们决定邀请国内炼油化工领域的专家对第一版及第二版的19个分册进行修订，组织该书第四版的出版发行，从而使该系列读物与时俱进，更加系统全面。

《普及读本》第四版的组织编写和修订工作得到了中国石油、中国石化、中国海油、中国神华以及中化集团的大力支持。参与丛书编写、修订工作的专家、教授精益求精、甘于奉献，精神令人感动。在此，谨向他们表示诚挚的敬意和衷心的感谢！

中国工程院院士

二〇一一年八月八日

《当代石油和石化工业技术普及读本》

(第四版)

编　委　会

目　　录

引 言

中国是发现和利用石油、天然气最早的国家之一。公元前的秦汉时期，四川就已出现人工钻凿的盐井，伴随而出的天然气成为熬盐的燃料。西晋时期的《博物志》中说：临邛(成都附近)火井一所，深2~3丈。宋朝即有深5~8丈的钻井记录。中国古代钻井图(图0-1)显示了当时的钻井情况。

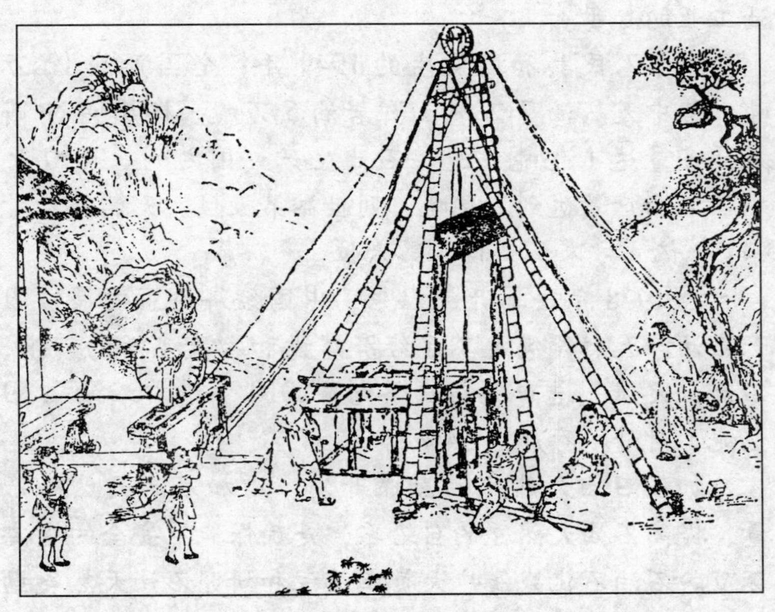

图0-1　中国古代钻井示意图

陕西北部发现石油亦有漫长历史。公元一世纪东汉历史学家班固(公元32~92年)的《汉书地理志》就有“高奴(陕北延长一带)有洧水可燃”。北宋科学家沈括(公元1031~1095年)在《梦溪笔谈》中指出“鄜延(富县、延安一带)境内有石油，旧说高奴县出脂水，即此也”。并预言此物必大。因此，陕北是中国最早发现石油的地方之一。《元一统志》(公元1286~1303年)记载“延安路石油条，鄜石脂，石油条”、“延长县南迎河有凿开石油一井，其油可燃”。延长、延安、延川一带遂成为中国石油工业的发祥地。

清光绪33年(公元1907年)钻探1口油井——延1井，井深81米，日产石油1~1.5吨，标志中国近代石油工业的起步。

中华人民共和国诞生的1949年，全国产油12万吨，其中天然油7万吨，页岩油5万吨。1978年中国石油产量达1亿吨，进入石油生产大国之列。2010年中国石油产量达到2亿吨，列世界第五位，天然气产量944.8亿立方米，列世界第六位。

自1978年改革开放以来，中国经济迅猛发展，国产石油、天然气满足不了经济建设和人民生活的需求，石油、天然气进口量与日俱增。2010年进口石油2.39亿吨，对外依存度达54%。

加强石油天然气的勘探开发、增加石油天然气产量、提高石油天然气的自给率，是确保能源安全的重要环节。石油石化战线广大员工关注和研究石油天然气勘探开发，将推动石油天然气产业快速发展。

第一章　含油气盆地

石油和天然气田，皆分布于沉积盆地中，研究不同类型沉积盆地的地质特征及油气田形成是石油地质勘探人员首先碰到的问题。

地壳表面起伏不平，其中的低洼部位在漫长的地质历史时期不断下降，接受海洋、湖泊、河流等沉积的就是沉积盆地。

沉积盆地堆积的沉积物厚度少则几十至几百米，多则数千米至数万米。沉积盆地内汇集了江河湖海水体中生长的各种生物遗体和来自周围隆起的各种沉积物。随着盆地不断下降，沉积物愈来愈厚，经过压实形成不同类型的沉积岩。其中有机物十分丰富的泥页岩构成生油岩(烃源岩)，颗粒较粗的砂砾岩和碳酸盐岩构成储集岩。沉积盆地形成见图 1－1。

在漫长的地质历史时期，地球经历了多次地壳运动，沉积盆地出现褶皱、断裂和不整合，为油气运移、聚集创造了条件。局部地区抬升、剥蚀，油气暴露地表形成“油砂山”、“黑油山”等遗迹。

经过地质调查，地球物理勘探和钻探，在沉积盆地中找到了生储油(气)岩层和油气田沉积盆地，称为含油气盆地。

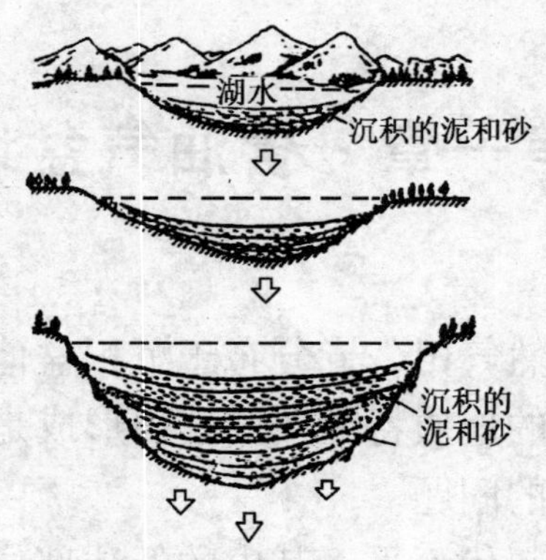

图 1－1　沉积盆地形成示意图

石油天然气勘探首要任务就是确定含油气盆地范围、沉积岩厚度及岩类、生储油(气)岩质量、油气聚集和保存条件、油气资源潜力等。并制定规划开展勘探，千方百计找到有工业价值的油气田。

经过 20 世纪艰苦勘探，在中国西部、东部和近海找到了一大批含油气盆地。

在中国西部的新疆、甘肃、青海、西藏、四川、宁夏、内蒙、陕西等省区分布着准噶尔、塔里木、柴达木、吐哈、羌塘、鄂尔多斯、四川等含油气盆地；在中国东部分布着二连、海拉尔、松辽、渤海湾、南阳、江汉、苏北等含油气盆地；在中国近海分布着渤海、北黄海、南黄海、东海、台湾西部、珠江口、琼东南、莺歌海、北部湾等含油气盆地，含油气盆地位置见图 1－2。

中国西部含油气盆地受欧亚大陆板块与印度、澳大利亚板块强烈挤压碰撞影响，被天山、昆仑山、阿尔金山、祁连山、秦岭、大巴山、龙门山等造山带包围，局

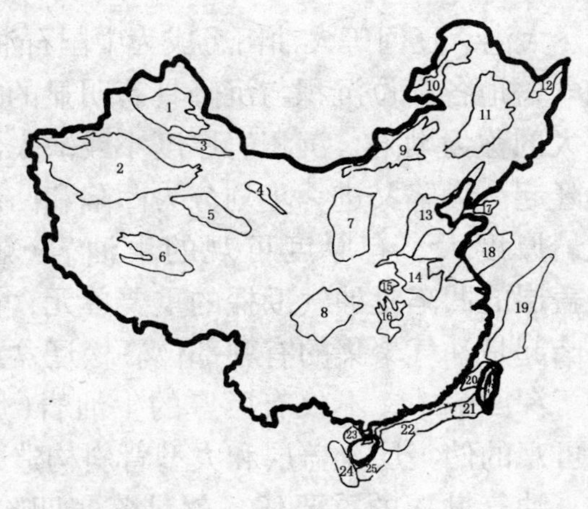

图 1－2　中国沉积盆地分布示意图

1—准噶尔盆地；2—塔里木盆地；3—吐哈盆地；4—酒泉盆地；5—柴达木盆地；6—羌塘盆地；7—鄂尔多斯盆地；8—四川盆地；9—二连盆地；10—海拉尔盆地；1—松辽盆地；12—三江盆地；13—渤海湾盆地；14—南华北盆地；15—南阳盆地；16—江汉盆地；17—北黄海盆地；18—苏北南黄海盆地；19—东海盆地；20—台西盆地；21—台西南盆地；22—珠江口盆地；23—北部湾盆地；24—莺歌海盆地；25—琼东南盆地

部地区挤压、逆冲、褶皱、断裂强烈，多处见油气苗和沥青脉，例如：准噶尔盆地西北部的黑油山、柴达木盆地的油砂山、四川盆地的圣灯山、酒泉盆地的石油河等。油气苗、沥青脉引起地质勘探人员的关注，通过地质调查和钻探，相继发现了克拉玛依、老君庙、隆昌、延长等油气田，成为中国早期油气勘探的重要成果。

中国东部的松辽、渤海湾、河南、江汉、苏北等盆地，地表被第四系复盖，含油气岩层深埋在几百至几千米的地下，见不到油气苗。要通过地球物理勘探了解地下岩层与构造，这就是复盖区的特点。20 世纪 50 年代晚期至 70 年代，在松辽、渤海湾等盆地找到了大庆、胜利、任丘、大港、辽河等大油田，成为中国石油主产区。

含油气盆地各部位沉积与沉降具有明显的差异。沉积岩厚度大的称为坳陷，沉积岩厚度小或缺失沉积岩的地区称为隆起。坳陷又进一步划分为凹陷和凸起。

沉积岩厚度大、有厚度可观的生油岩(烃源岩)，储集层和盖层的凹陷是油气勘探的重要单元，被生油凹陷包围的凸起是油气聚集的有利部位。松辽盆地北部大庆油田位于深凹陷中，不仅有巨厚的生油岩(烃源岩)，还有厚度可观的储集层、盖层和大型背斜构造，是世界级大油田。油气勘探的重要任务就是落实凹陷、凸起、斜坡带，明确勘探重点和突破方向。

中国含油气盆地的沉积与构造活动有明显的差异性。松辽盆地以中生代沉积为主，渤海湾盆地新生代沉积之下，有厚度可观的中生代、古生代和元古代沉积，构成多旋回叠加盆地。松辽与渤海湾盆地以拉张扭动运动为主，称张扭型盆地。

中部的鄂尔多斯和四川盆地，沉积了厚度可观的元古代、古生代和中生代地层，也是多旋回叠加盆地，在古生代和中生代找到了苏里格、长庆、普光、威远、合川等大气田以及西峰、姬源、安塞等大油田。

西部的塔里木盆地已发现古生代、中生代和新生代地层，亦为多旋回叠加盆地。准噶尔盆地以古生代和中生代沉积为主。新生代晚期，塔里木、准噶尔盆地周边山脉强烈活动，向盆地挤压、逆冲，形成大型冲断带，塔里木、准噶尔等盆地皆为压扭型盆地。在古生代、中生代地层找到了克拉玛依、克拉2号、塔河等大油气田。

中国含油气盆地沉积地层及地质运动见表1－1。

表1－1 地质时代表

地质时代单位				距今年龄/百万年	主要地壳运动	构造阶段	生物界的演化
新生代Rz	第四纪Q	全新世Qh				喜马拉雅构造阶段	
		更新世Qp					
	第三纪R	晚第三纪N	是新世N_2	1	喜山运动Ⅱ		人类
			中新世N_1	28	喜山运动Ⅰ		
		早第三纪E	渐新世E_3				
			始新世E_2				
			古新世E_1	68～72	燕山运动Ⅲ		
中生代Mz	白垩纪K	晚白垩世K_2				阿尔卑斯构造阶段	哺乳动物 被子植物
		早白垩世K_1					
	件罗纪J			130～140	燕山运动Ⅱ 燕山运动Ⅰ		
	三迭纪T			175～185	印支运动		
古生代Pz	二叠纪P	晚二迭世P_2		220～230	海西运动	海西构造阶段	爬行动物 裸子植物
		早二迭世P_1			东吴运动		
	石炭纪C			265～275			
	泥盆纪D			320～330			两栖动物
	志留纪S			370～390	加里东运动	加里东构造阶段	鱼类 陆生孢子植物
	奥陶纪O			410～430	太康运动		
	寒武纪E			435～515			无脊椎动物
元古代Pt	震旦纪Z（晚元古代Pt_2）			580～620			藻类
	早元古代Pt_1			900～1000	吕梁运动		
太古代A				1800	五台运动		

第二章　油气田形成与分布

中外油气勘探工作者普遍认识到：含油气盆地能否形成油气田（油气藏）不仅要考虑生油岩（烃源岩）、储集层、盖层和圈闭条件，还要考虑油气运移和保存条件。油气运移条件差、油气呈分散状态，保存条件差，油气泄露到地表形成黑油山、石油河、沥青矿等，油气已逸散至地表或大气中。

第一节　生油岩（烃源岩）

沉积盆地是否具有生油岩（烃源岩）是确定其勘探远景的首要条件。

海陆相沉积普遍发现，富含有机质的沉积岩在还原环境下，在温度压力作用下，有机质演化为碳氢化合物（油气）。中国元古代至新生代的海相或陆相沉积皆有生油岩，其中元古代至古生代以海相生油岩为主，中新生代以陆相生油岩为主，这就是中国生油岩的特点。

有机物向油气演化经历了多个阶段，即生物化学生气阶段、热催化生油气阶段、热裂解生凝析气阶段和深部高温生气阶段。

确定和评价生油岩要考虑下述因素：

(1)有机质丰度：即岩石中剩余有机碳含量(实验室测定数值)。泥页岩剩余有机碳含量大于0.5%，碳酸盐岩剩余有机碳含量大于0.08%，即可列为生油岩。

(2)有机质成熟度指标：包括干酪根的颜色及H/C～O/C原子比关系，镜质体反射率(R_0)，热变质指数等。

(3)烃类转化指标：是衡量有机质转化成烃类的数量指标，一是可溶性沥青含量及其组分组成，二是烃类含量及其族组成。岩石中溶解于有机溶剂的物质，称为可溶性沥青“A”，它的含量高的岩石可定为生油岩。烃类含量指可溶性沥青中总烃含量及其中的正烷族、环烷族、芳香族的含量。总烃含量高、正烷烃含量也高，表明有机质向石油转化程度高。

通过对全国陆相沉积盆地生油岩的研究，制定了陆相生油岩评价标准。从沉积相、干酪根类型、氢碳比、有机碳含量等7个方面的指标，确定好、中、差生油岩。

研究表明，我国大中型油田分布都是以优质生油岩为基础，其特点是：成油母质类型好(中间型至腐泥型)、有机质丰度高(有机碳含量1.0%～2.5%，总烃含量大于500毫克/升)，且经过充分的成烃演化作用，生成了大量的石油、天然气。有机质成烃演化过程见图2-1。

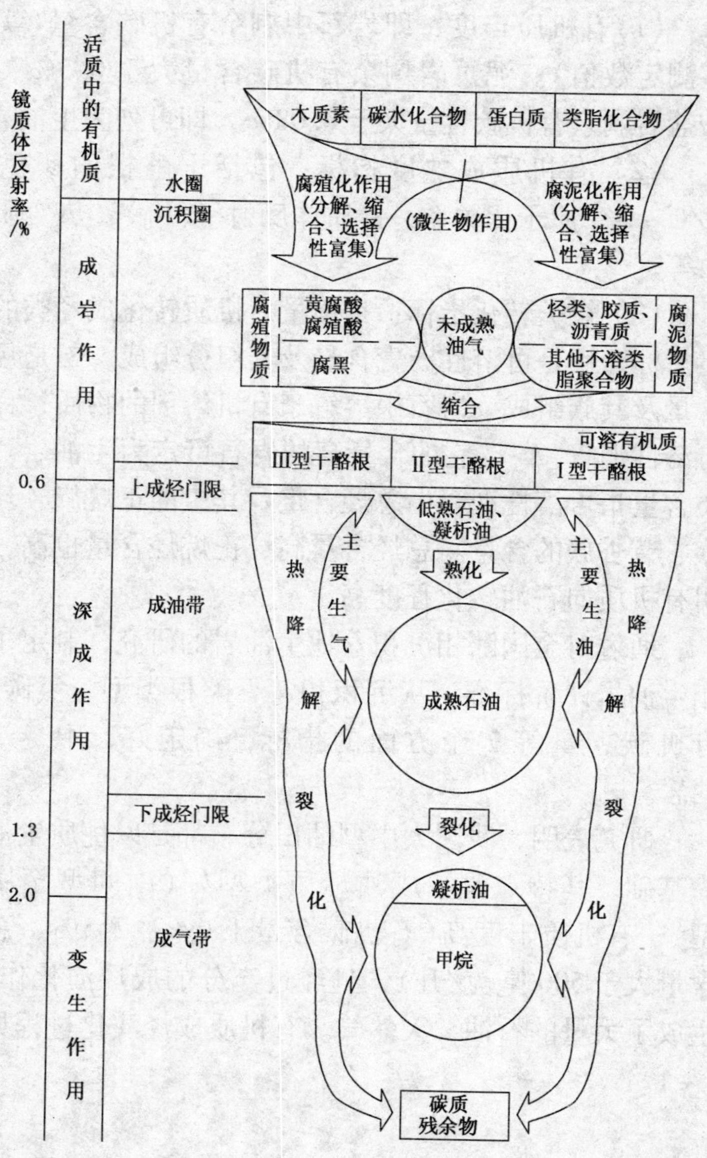

图 2－1　有机质成烃演化模式

中国油气勘探工作者对海相和陆相沉积盆地的生油气条件和油气藏形成条件进行了比较，认为陆相沉积盆地与海相沉积盆地相比，沉积面积较小、沉积不够稳定，是其不利条件。但由于构造活动性强形成了生储盖层配套良好的巨厚堆积，生油岩厚度大、体积大、生成油气数量大，为大油田形成提供了雄厚的物质基础，这是陆相沉积盆地的有利条件。

勘探发现，不少盆地天然气既有烃类气体(以甲烷为主)又有 CO_2 和稀有气体。经过碳同位素测定，确定 CO_2 不是沉积产物而是来自地壳或地幔，通过大断裂进入沉积岩储层。地质调查发现无沉积岩分布的古老隆起区偶尔也能见到石油或天然气。一些地质或化学家提出石油、天然气无机成因的学说。油气生成学说正从一元论向二元论演变。

第二节　储集层

储集层是能够使石油、天然气在其中储集和流动的岩层，它具有流体储存的空间和流体运动的通道。砂岩、石灰岩储集层特征见图 2－2。

在油气田形成中，储集层伴演着重要角色。储集层与生油岩相依相伴，生油岩生成的油气不断进入储集层，生油气过程才能延续，而进入储集层的油气运移到各种圈闭聚集形成油气田(油气藏)，这是一个漫长的地质过程。

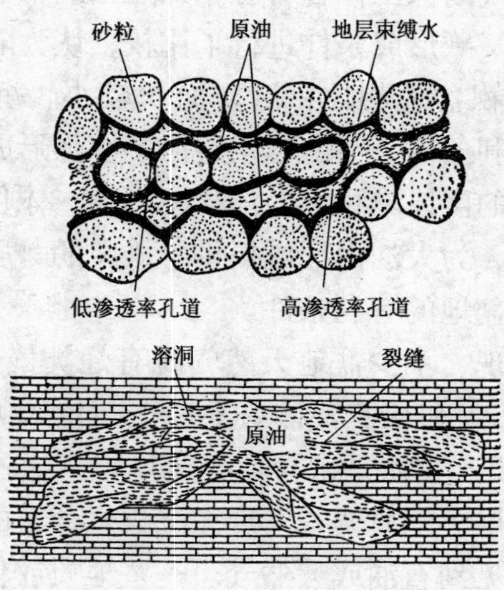

图 2－2　砂岩、石灰岩储集层示意图

中国陆地和近海油气勘探，不仅发现了沉积岩储集层(砂砾岩、石灰岩、白云岩等)，还发现了火成岩、变质岩储集层。这是由于沉积中的某些岩石具有孔隙、缝洞等储集空间和渗透通道，而火成岩、变质岩经受构造变动或流体溶蚀，也具有储集空间和渗流通道，成为特殊的储集层。

储集层有两个重要的物理特性，即孔隙性和渗透性。它们是判断储集层储集能力和开采特征的重要因素。

岩石的孔隙性是指岩石的孔隙、裂缝、溶洞等孔隙空间的特性，反映储集性能的好坏。只有相互连通的孔隙、裂缝等，油气既能储集进去又能流动起来，才有实际意义，称为有效孔隙。把钻井取出的岩心送到实验室用仪器测出岩石的孔隙度。人们把岩石中互相连通的孔隙体积与岩石总体积的百分比值，称为有效孔隙度。储集层孔隙度数值大，表明储藏油气的空间大、油气储量大。

岩石的渗透性，是指在一定压力下流体在岩石中的流动特性。渗透率则是表示其渗透能力的参数。在实验室通过气体来测定得到空气渗透率（或称绝对渗透率）。在油气田开采中通过试井资料可求得有效渗透率，了解油气水在孔隙中的渗流状况。渗透率的数值高则表示孔隙、裂缝、溶洞之间的连通性好，油气易流动，容易采出来，可能获得较高的产量。

储集空间类型与岩石类型有密切的关系。其中，砂岩、砾岩以粒间孔隙为主；石灰岩、火成岩、变质岩等以溶洞、裂缝为主，包括洞穴、孔洞等，大小不一、形态各异。

随着勘探的深入，勘探层系的增加，储集层和储集空间越来越丰富。鬼斧神工的大溶洞，云蒸霞蔚的火山口，色彩斑斓的珊瑚礁，深埋在地下，都成了石油、天然气在其中遨游的储集空间。松辽盆地北部的庆深气田，以火成岩为储集层，获得高产气流。辽东湾的锦州25－1南油气田，太古界变质岩获得高产油气流，拥有可观的油气储量。

第三节 盖 层

盖层是覆盖在储集层上面的致密的不渗透岩层，是阻止石油、天然气向外逸散的“屏障”，作为盖层的岩石有泥页岩、石膏、盐岩、致密灰岩等。

油气田形成为什么必须要有盖层呢？

从生油岩进入储集层的油气承受种种压力，呈现运动状态，既可向储集层的高部位运动，又可向储集层上方岩层扩散，特别是天然气和石油的轻质成分，扩散能力较强，如果没有致密不渗透的盖层复盖其上，石油、天然气就要不断扩散出去。从而影响油气田形成。中国西北、西南地区发现的黑油山、石油河、圣灯山、沥青脉等皆是油气散失的产物，与盖层遭到破坏有密切关系。

油气勘探过程中发现，油气富集高产的大油田皆有封闭良好、厚度可观的盖层：大庆油田萨尔图、葡萄花油层之上有厚达上千米的泥页岩盖层；塔里木盆地库车凹陷克拉 2 号大气田，白垩系砂岩之上为第三系膏盐盖层；中国近海的崖城 13 -1 大气田储集层之上有厚达数百米的泥页岩盖层。

需要指出的是，有的盆地油气田年代新、埋藏浅，盖层泥岩尚未压实，留有孔隙和裂缝，不能阻止油气扩散，但此类油气田油气向上扩散的同时深部油气通过断裂向浅部运移，呈现边扩散、边吸收的动平衡状态。莺歌海盆地东方1－1等气田具有上述特点。

对油气盖层的研究包括盖层岩性、盖层厚度、盖层孔隙度、盖层突破压力等。可以用测井、录井和实验测试得出对盖层的评价。

把生油层、储集层和盖层联系起来，进行综合分析和评价，就是生储盖层组合的研究，这是含油气盆地石油地质综合研究的重要内容。图2－3展示了生储盖层的纵向分布特征。

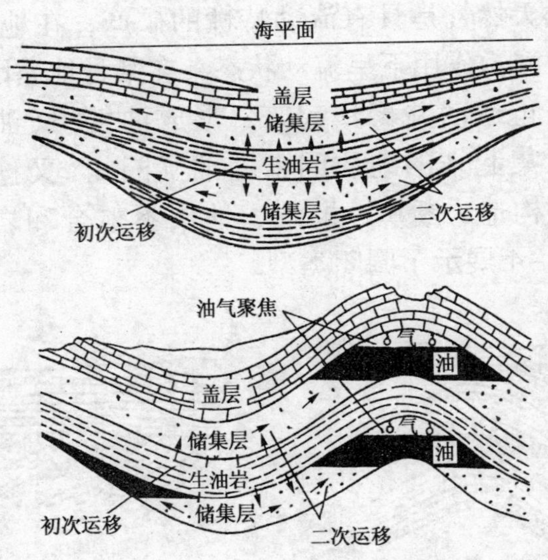

图2－3　生储盖层及油气运移成藏示意图

中国陆地和海域含油气盆地普遍具有多旋回特点，自上而下有多套生储盖组合，既有新生代生储盖层，又有中新生代和古生代生储盖层。渤海湾盆地陆地和海域发现的古潜山油气藏，生油层和盖层是新生代沙河街组和东营组的泥页岩，中生代、古生代、元古代的砂砾岩、石灰岩、白云岩、火成岩则是储集层。这是在特定的地质环境下形成的特殊的生储盖层。沙河街组、东营组生油岩生成的油气通过断面和地层不整合进入中生代、古生代、元古代储集层，形成油气藏。

第四节 圈 闭

石油天然气是具有流动特性的矿产，在地层压力、水动力、浮力作用下呈流动状态，在某种地质因素作用下油气停止运动并聚集起来，形成油气田(油气藏)，把油气聚集起来的地质因素即油气圈闭(又称油捕)，包括背斜构造、断鼻、断块、地层不整合和岩性尖灭等，图2－4展示了圈闭类型。

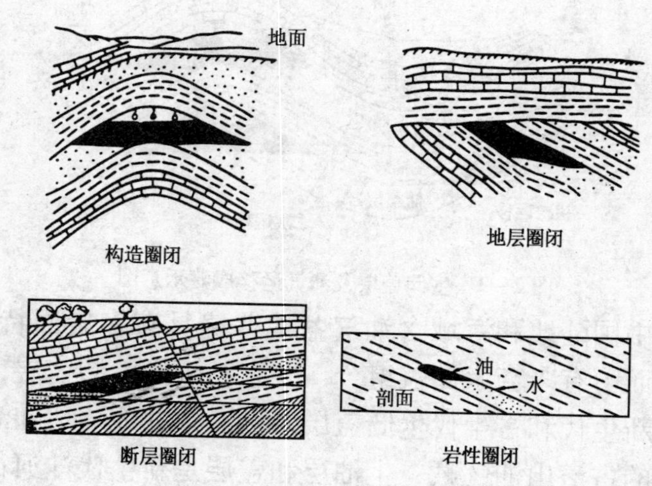

图2－4 圈闭类型示意图

捕获油气的地质因素五花八门、千奇百怪，既有四面下倾的背斜构造，又有岩层断裂形成的断层遮挡，还有储集层向上倾方向消失或相变为泥岩等。中国许多盆地由于石油地质条件的复杂性，常常出现多种类型圈闭相互叠加，构成“复式圈闭”。

含油气盆地找到生储盖层后，最紧迫的任务就是寻找和落实圈闭。勘探学家描绘勘探活动就是“千军万马围着圈闭转”，足以说明圈闭在勘探活动中的重要性。

需要指出，通过地质调查、地球物理勘探，找到了圈闭，并不意味找到了油气田。钻探经常发现圈闭储集的不是石油、天然气，而是地下水或其他流体。只有通过测试获得工业油气流，确定有开采价值，才算找到油气田。

圈闭研究要考虑三个因素：一是圈闭有无适合油气储集的岩层；二是有无阻止油气逸散的盖层；三是有无阻止油气继续运移、使油气充分聚集的遮挡物。例如断层遮挡、岩性上倾尖天或地层不整合等，还要考虑区域水文地质情况。

衡量圈闭优劣要考虑以下几点：一是圈闭规模，即圈闭最大有效容积。背斜构造最大的有效容积是溢出点（即背斜构造最低点，低于该点油气就从圈闭跑掉了）以上的容积。只有大型圈闭才能形成大油田。二是圈闭内储集层厚度及孔隙性能。物性良好、厚度适中的储集层，有利于形成富集高产油气田。三是圈闭盖层及构造上倾方向遮挡的严密性。构造破碎及岩性变化皆可改变圈闭的封闭性，造成油气逸散。

在研究圈闭类型、圈闭规模和圈闭封闭性的同时还要分析圈闭形成期与油气运移期的配置关系等。

圈闭形成有早有迟，在油气运移前形成的圈闭捕获油气的可能性较大，而油气运移后形成的圈闭难以捕获油气。正如下网捕鱼，鱼群过去后下网自然捕不到鱼。早期形成的圈闭优于晚期形成的圈闭。这是石油地质综合研究的重要内容，称为古构造研究。

含油气盆地地质构造和发展演化特点不同，圈闭特点相差甚大。松辽盆地中生代褶皱运动明显，背斜构造圈闭十分发育，大量油气聚集在背斜构造圈闭中。例如，大庆油田就是大型背斜构造圈闭。渤海湾盆地新生代既有一定规模的褶皱运动，又有多期断裂活动，形成了多层系、多类型的圈闭，包括背斜构造、断鼻、断块、地层、岩性、古潜山等多种因素，呈现错综复杂的面貌。

第五节　油气运移和聚集

煤矿、铁矿等固体矿产生成地即矿产地，不存在运移问题。石油、天然气在地层压力、浮力、水动力作用下进行垂向和横向运移。例如渤海湾盆地下第三系生油岩生成的石油、天然气，可通过断裂、不整合面等运移至中生代、古生代、元生代储集层，形成古潜山油气藏，并可运移至上第三系储集层形成上第三系次生油气藏。其他盆地亦有类似情况。

中国和世界油气勘探历史说明，海相沉积岩性稳定，储集层分布广，油气运移可达数十至数百公里。陆相沉积岩性变化大，油气运移距离较小。

油气运移包括油气从生油岩（烃源岩）到储集层的一次运移和在储集层里进行的二次运移，如从构造低部位凹陷向构造带、凸起运移；从深部储层沿断裂向浅部储层的垂向运移，也是二次运移。

油气运移过程中，由于盖层遭到破坏，甚至油气层暴露地表造成油气藏的破坏，出现了“黑油山”、“油砂山”、“石油河”等，皆为油气藏遭到破坏的产物，因此，研究油气田（油气藏）形成还要研究油气保存条件，不仅要考虑生储盖层和圈闭的保存条件，还要考虑地质构造运动、地下水活动对油气藏的影响。油气勘探中经常发现生储盖层和圈闭皆保存良好但没有油气，这可能是地应力或水动力把油气推到别的地方所致。浮力、水动力与油气运移见图 2－5。

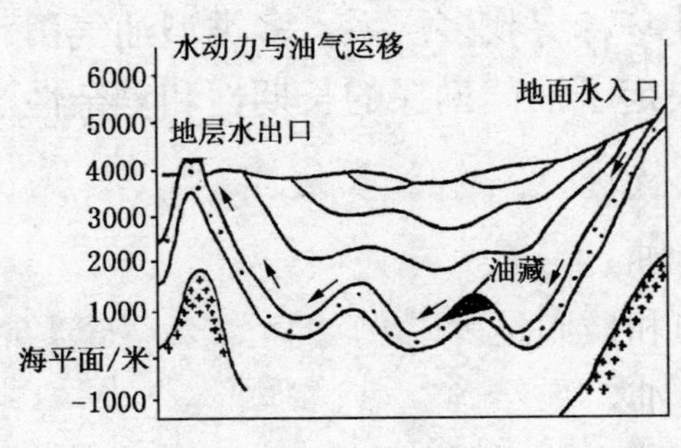

图 2－5　浮力、水动力与油气运移示意图

中国陆地和海域许多盆地，经过多年勘探，逐步掌握了油气田分布特点和油气聚集规律。松辽盆地北部大庆长垣背斜构造带，西有齐家古龙凹陷，东有三肇凹陷，沿盆地长轴展布的河流三角洲储集体插入厚度可观的生油岩体形成了超巨型大油田。松辽盆地南部，围绕生油凹陷展布的构造，形成了相应规模的构造岩性油气藏。渤海湾盆地胜利、渤海、大港、辽河、华北、中原等探区由于石油地质条件和构造断裂活动的差异性，有的找到了古潜山大油田，有的找到了古近系(下第三系)大油田，有的找到了新近系(上第三系)大油田，可以说各有特点。这是由于古老地台演化为中新生代断陷盆地，新生代多期构造断裂活动，使油气运移和聚集呈现错综复杂的局面，既有自生自储的古近系原生油气藏，又有新生古储、下生上储型的次生油气藏。结晶基底、中新元古界、古生界、中生界和新生界多种岩类，皆有油气充注和油气田形成，真可谓“石油大观园”。这是特定地质条件和构造运动的产物，为石油天然气勘探家施展才华，寻找多层系、多类型油气田，提供了大舞台，也决定了油气勘探的长期性和复杂性。

第三章　非常规油气勘探

中国经济快速发展，节能减排和环境保护，皆要求减少煤炭消耗，增加石油、天然气产量，促使石油、天然气勘探开发从常规向非常规扩展。常规与非常规的区别在哪里呢？勘探工作者把储集层孔渗性较好、原油流动性较好的油气勘探称为常规油气勘探，而把低孔渗（或特低孔渗）储层或流动性差的重油、稠油、高凝油的勘探及煤层气、页岩气、天然气水合物（又称可燃冰）等称为非常规油气勘探。

非常规油气勘探就是要用新技术、新方法、新手段，把埋藏在地下难于开采出的油气与煤岩伴生的天然气（又称瓦斯气），滞留在泥页岩中的天然气，以及在低温高压状态下形成的保存在高寒山区或深海区的天然气开采出来，这是一场攻坚仗，也是增加油气产量、减少对外依赖的必然选择。

第一节　低孔渗储层油气勘探

中国许多盆地有低孔渗或特低孔渗油层，产量低、递减快、效益差、开发难度大。鄂尔多斯盆地三叠系和四川盆地侏罗系储集层多为致密坚硬的储集层，又称“磨刀石”，可用“井井见油，井井不流”形容鄂尔多斯盆地三叠系储集层。中国石油长庆油田和陕西延长油藏采用压裂等增产措施，改善孔渗条件，三叠系石油年产量从几万吨增加到几千万吨，打开了低孔渗储层勘探开发新局面，说明低孔渗油层大有可为。为了把低孔渗油层的石油开采出来，长庆油田、延长油矿的勘探开发人员，大搞科学实验，大力挖掘资源潜力，用酸化、压裂、爆炸等增产措施改变孔渗条件，增加油气产量。“功夫不负有心人”，终于使低孔渗的“磨刀石”产出大量石油，为其他探区勘探开发低孔渗储层创出了新路。

第二节　稠油、重油、高凝油勘探

中国石油勘探在陆地和海洋发现了储量可观的稠油、重油和高凝油，它们具有黏稠度大、密度大、凝固点高等特点，是难于开采的石油资源。考虑到我国石油资源状况，要使用高科技手段千方百计把稠油、重油、高黏油开采出来。克拉玛依、辽河等油田采用蒸汽吞吐或下井下电热器等方法降低黏稠度和凝固点，改善流动状况，把原油采出来。陆地和海洋稠油开采皆已取得显著效果。图 3 - 1 是稠油热采的试验装置。

图 3－1　稠油热采现场试验

第三节　页岩气勘探

从美国兴起的页岩气勘探推动了世界范围的页岩气勘探。2009 年美国页岩气产量达 878 亿立方米，美国天然气总产量超过俄罗斯，成为世界第一大天然气生产国，显示了页岩气勘探的重要战略地位。

常规的天然气藏，天然气赋存在地下圈闭的储集层中，是地层压力把生油岩生成的天然气驱赶到储集层中，并在浮力、水动力作用下运移到圈闭聚集成藏。泥页岩普遍具有孔隙、裂缝等，储存着相当数量的天然气（主要成分是甲烷），形成页岩气藏。钻井过程中泥页岩井段曾发生气浸或有气测异常，表明泥页岩确实有天然气赋存。把泥页岩中的天然气开采出来，经历了反复实验，运用了不少科技手段，特别是钻水平井、采用分段压裂方法等，改善渗流通道，增加天然气产量，减缓递减，使页岩气开发具有经济效益。

美国能源信息署(EIA)最新报告显示，北美页岩气资源可能只是全球巨大的天然气资源的冰山一角。该报告对全球32个拥有构造的国家进行分析，估计这些国家拥有约1600亿立方米可以开采的页岩气资源，这个数字相当于美国可以开采页岩气储量的7倍。据EIA称，除美国外，全球最大的页岩气资源位于中国，拥有约368亿立方米的可开采页岩气资源。

中外专家预测，中国页岩气资源丰富，页岩气可采储量为26~36万亿立方米。扬子地台、塔里木、松辽、渤海湾等盆地，皆有页岩气勘探开发前景。中国石油、中国石化、中国海油等皆已开展页岩气勘探开发实验，并选择有利地区钻井，进行页岩气生产实验，特别是在四川盆地南部进行水平井段分段压裂实验，已取得一定效果。

第四节　煤层气勘探

中国是煤炭资源丰富的国家，也是煤炭生产大国。煤层气是游离于煤系地层中的天然气，又称“瓦斯气”。煤炭开采过程中发生瓦斯爆炸、“冒顶”等表明煤矿中含有丰富的天然气。勘探开发煤系地层中的天然气，既有利于煤矿安全生产，也把宝贵的天然气资源利用起来，增加天然气产量。

我国煤层气资源丰富，新一轮资源评价结果表明：我国有45个聚煤盆地119个目标，煤层埋深2000米以浅的煤层含气面积41.5万平方千米，煤层气总资源量36.81万亿立方米，约占世界煤层气总资源量的13%，位居世界第三位。其中资源量大于1万亿立方米的有伊犁、吐哈、鄂尔多斯、滇黔桂、海拉尔、二连、沁水等8个盆地。煤层气开发前景广阔，是21世纪可规模开发利用最现实的非常规油气资源。

近年来我国煤层气井下抽采和地面开发日益活跃，2007年煤矿瓦斯井下抽采量达44亿立方米。

中国石油华北油田等单位在山西沁水等3个盆地获得煤层气三级地质储量3500亿立方米，钻煤层气井600多口，其中包括多分支水平井50多口。截止到2007年底，煤层气产能达3亿立方米/年，2010年产能达到15亿立方米/年。国家能源局编制的《煤层气开发利用"十二五"规划》提出"十二五"末(2015年)中国煤层气产量将达200~240亿立方米。其中地面开采煤层100~110亿立方米，井下瓦斯抽采量110~130亿立方米。分析人士指出，煤层气产业规模将在未来5年之内翻番。

目前我国井下地面煤层气年采量为75亿立方米，占天然气总产量不到10%。未来5年我国天然气缺口约1600亿立方米。如果其中50%由煤层气替代，则需要煤层气勘探开发更快发展。

第五节　油砂勘探

中国油砂地质资源量为59.7亿吨，其中可采资源量达22.58亿吨，位居世界第五位。油砂资源主要分布在中国西部盆地。

近年来中国石油系统总结了中国油砂成矿类型和成矿特点。油砂成矿三类型是：古油藏破坏型、斜坡逸散型和次生集聚型。油砂富集的主控因素是"砂体圈闭控油、不整合面及断层控油、降解稠化控油"。在全面调查的基础上，优选出中国油砂资源10个有利勘探目标和5个有利开采目标。10个有利勘探目标共控制油砂资源4.4亿吨。新疆准噶尔盆地西北部的风城、红山嘴、白碱滩、黑油山是中国油砂最富集、开采最有利的地区。

风城区块油砂储量超亿吨，油砂产自白垩系和侏罗系，油砂最大单层厚达80.09米，总厚110米，含油率高达21.07%，分布稳定，埋藏浅（最浅16米），是我国厚度最大、品质最好的油砂矿。

经过反复实验，油砂水洗工艺技术取得突破，分离温度及药剂量双双降低，节能降耗效果明显。

第六节　油页岩勘探

中国油页岩资源丰富，新一轮油气资源评价表明，全国油页岩资源量达7199亿吨，折合页岩油为476亿吨，位居世界第二。油页岩资源主要集中于东部、中部和青藏地区。其中含油率5%～10%的油页岩资源量为182亿吨，含油率大于10%的油页岩资源量为140亿吨。

中国石油在大庆柳树河盆地获得油页岩探明储量300亿吨，开展了油页岩的干馏评价，提出了小颗粒干馏的工艺路线，设计了日处理200吨油页岩的水平旋转高效干馏工艺，解决了国内传统干馏工艺存在的原料利用率低、出油率低、处理量小、环保问题难解决等问题。

第七节　天然气水合物(可燃冰)

天然气水合物是高压低温下的气水分子形成的似水状固体天然气，又称“可燃冰”。在中国西部的祁连山、青藏高原、南海北部的珠江口、琼东南盆地发现了天然气水合物资源。

中国陆地及海域天然气水合物资源量约100～400万立方米。2007年5月中国地质调查局在珠江口盆地南部的神狐海域成功钻探获取天然气水合物实物样品，这标志着中国是继美国、日本、印度之后的第四个系统开展水合物资源调查并获取实物样品的国家。

南部神狐海域的1200米水深的3个钻孔(SH－1、SH－4、SH－7)钻到了天然气水合物样品，位于海底之下 200 米左右的泥质沉积层中，呈浸染状产出。水合物分布在海底之下 183 ~201 米，沉积层厚 34 米，饱和度最高 43%，气体中甲烷含量高达 99.7%。天然气水合物样品见图 3 –2。

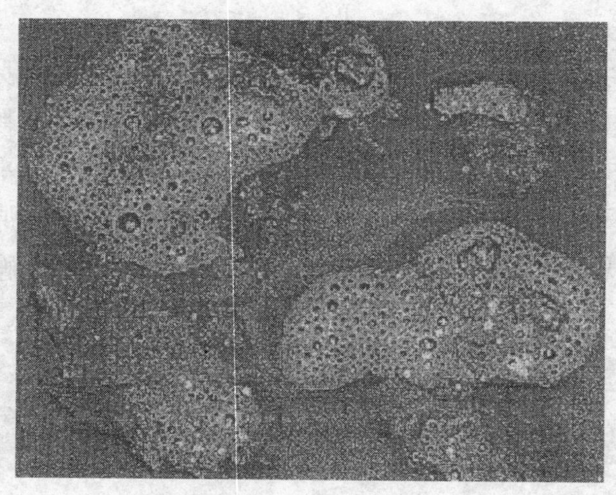

图 3 –2　天然气水合物样品示意图

2009 年中国青海省发现储量可观的可燃冰，在祁连山南缘成功钻获可燃冰样品。专家预测中国可燃冰资源量接近于常规石油资源量，约为天然气储量的两倍。

日本将可燃冰称为“近海之宝”，日本政府将在今年引进室内试验装置，全面开展实证试验。日本政府将从 2012 年进行海洋试验，一旦试验成功，对于依赖石油、天然气进口的日本来说将具有划时代的意义。

第四章　油气勘探技术

石油、天然气勘探是一个高风险、高投入的行业，也是高新技术密集的行业。为了用较少的资金投入获得更多有商业价值的油气储量，特别是找到大油气田，就必须大力开发油气勘探的各项技术。20 世纪 50 年代以来，油气勘探向海洋、沙漠、高寒地区和深部扩展，对勘探技术提出了新的要求，要有适应各种复杂地质、地理、气象要求的勘探装备和技术。石油公司、研究机构和学校，都在不断更新技术，开拓新技术、新方法、新理论，以争取勘探的主动权。

改革开放后，我们虚心学习发达国家油气勘探的新技术、新方法，大力引进、消化、吸收并不断创新，中国油气勘探的技术、装备正向世界先进水平靠拢，并在局部领域取得突破。中国石油公司积极参与国际竞争，承包工程项目，既锻炼了队伍又提高了技术水平。

油气勘探技术有以下 8 种：

① 野外地质调查技术；② 地震勘探技术；③ 重磁力勘探技术；④ 电法勘探技术；⑤ 遥感技术；⑥ 地质录井技术；⑦ 测井技术；⑧ 测试技术。

第一节　野外地质调查

野外地质调查是石油天然气勘探人员寻找油气田的重要方法。通过调查了解沉积盆地地质结构、沉积岩分布，特别是了解生油岩、储集层和盖层的分布，是否有聚集油气的圈闭及其类型，了解有无油气生成运移的直接证据——油气苗，从而坚定信心，大胆开展油气勘探。中国早期在陕西、宁夏、甘肃、青海、新疆、四川等地发现的油气田，皆为野外地质调查发现的。野外地质调查包括普查、详查、细测、综合研究评价等。着重解决下述地质问题：

1. 地质构造调查，了解盆地结构、断裂及圈闭分布

通过野外观察及分析，掌握含油气盆地地质构造、褶皱及断裂，特别是有无聚集油气的圈闭。玉门老君庙油田的地质构造，就是在野外地质调查中发现的，并通过丈量落实，绘制地质构造图，确定井位，经钻探发现了老君庙油田。

2. 地层沉积、生储盖层分布调查

野外观察盆地沉积地层及岩性、各种岩石(沉积岩、火成岩、变质岩)的分布及厚度状况，特别是要落实盆地是否有生油岩、储集层。编制盆地地质图，地层柱状图等。松辽盆地野外地质调查发现了白垩纪生油岩和储集层，坚定了勘探信心。野外采集泥页岩、砂岩、石灰岩等岩样，进行实验室分析，确定生油岩、储集层特征。

3. 油气苗调查

野外地质调查十分注意寻找油气苗，了解有无油气出露地表的现象、有无沥青地蜡等。一旦发现油气苗、沥青等要进行详细描述，包括油气苗地层、岩性、产状、构造背景，并对油气苗形成进行分析，指出寻根溯源发现油气田的方向。地质勘探人员在青海柴达木盆地发现油砂山，经过综合研究，指出进一步勘探方向，找到了油田。图 4－1 是柴达木盆地油砂山的图片。

图 4－1　青海柴达木盆地油砂山雄姿

海洋勘探人员在海南岛西南部莺歌海一带发现海上油气苗后，钻探浅井，取出样品，证实油气来自莺歌海盆地，经钻探找到了油气田。

4. 水文地质调查

与油气伴生的地下水，具有特定类型，不同于一般的地下水。多为氯化钙型（$CaCl_2$）或碳酸氢钠型（$NaHCO_3$）。野外地质调查采样地下水后，要深入分析地下水产出地层、岩性、构造、断裂等，为进一步钻探发现油气田指出方向。水文地质调查发现水中含有与石油天然气相关的稀有元素，如碘、溴、硼等，表明调查区有找到油气田的前景。

综上所述，野外地质调查是油气勘探的重要程序和方法，对陆地和海洋油气勘探皆有重要作用。

第二节　地震勘探技术

地震勘探技术是陆地和海洋油气勘探开发最重要的技术手段，特别是三维地震技术的广泛应用，地震勘探技术已从落实构造、断裂扩展到沉积和储层预测、烃类检测、油水边界变动、油水区分布等，提高了勘探成功率和油气田开发效果。地震勘探装备日新月异，中国地震队伍走向海外，承包工程项目，得到了锻炼，提高了技术水平。

1. 地震勘探技术原理与工作流程

地震勘探的“地震”是人工地震，不同于天然地震。是用炸药爆炸产生地震波，向地下传播，遇到岩层界面反射回来，被检波器接收记录下来。我们设法测出弹性波往返时间及弹性波在岩层中的传播速度，就可以根据公式计算出岩层(反射层)的深度及起伏变化，了解地下构造、断裂的状况等，图 4－2 可以看到震源产生的弹性波碰到岩层界面产生反射波被检波器接收的情况。

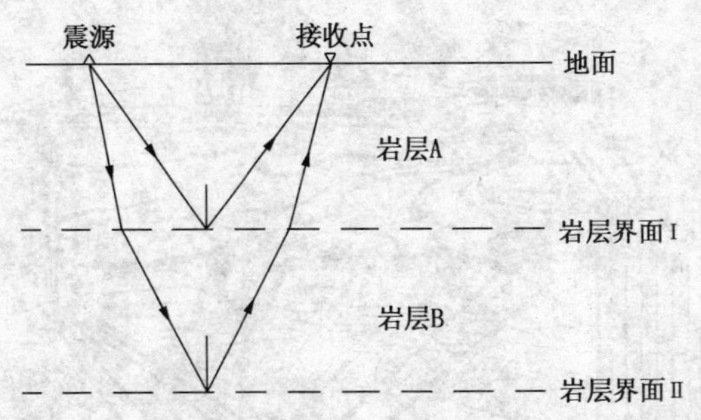

图 4－2　地震反射示意图

沉积岩在沉积过程中形成层状结构，上下不同的岩层，由于时代、岩性及所含流体的不同，有不同性质的界面。地震波遇到不同岩层的界面，即产生反射或折射波，返回地面。人们利用地震波的两个基本特征进行研究和判别，研究地下构造，特别是用地震勘探技术，寻找几百至几千米地下是否存在有利于油气聚集的“圈闭”。地震波遇到岩层界面，除了形成反射波外，还形成折射波和透入波。目前我们利用最多的是反射波。

地震勘探的步骤可概括为野外资料采集、室内处理和地震资料解释。

(1) 野外资料采集

包括钻孔埋炸药、埋检波器、拉大线至检波器。炸药爆炸产生的地震波传到地下岩层界面反射回来被检波器接收并传至仪器车，就获得了该炮点的地震记录，许多炮点记录连接起来，就是一条地震剖面，可以了解岩层起伏及断裂情况。图 4－3 是地震勘探野外采集的示意图。

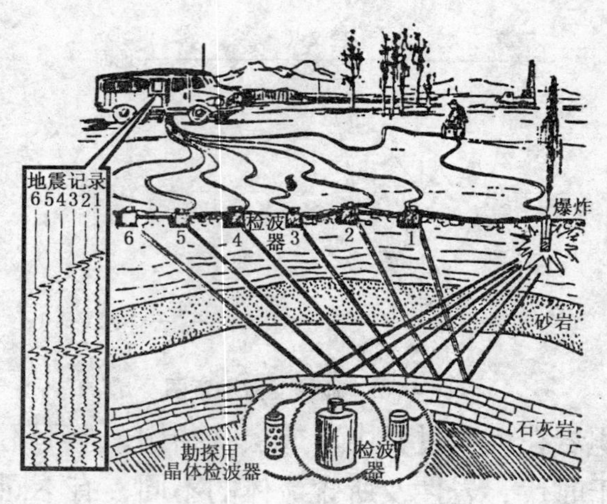

图 4－3　地震勘探野外采集示意图

接收地震波需用灵敏度很高的检波器，它可以敏感到仪器旁边一根小草的摇摆。将检波器接收到的地震波进行放大，选择有用的地震波，在示波仪中记录下来。

(2) 地震资料处理

从地震反射示意图(图 4－2)可以看到，地震波穿过岩层 A、B，分别在岩层界面Ⅰ、Ⅱ得到反射并到达地面检波器被接收后，人们即按这两个反射界面反射返回的时间计算岩层 A、B 的厚度和岩层界面Ⅰ、Ⅱ的深度，根据该地震剖面上地震波的反射情况，即可绘制出Ⅰ、Ⅱ岩层界面的起伏变化及岩层 A、B 的厚度变化，地震勘探人员即可从地震剖面看到地下构造起伏及断裂的情况。把许多剖面联系起来进行解释，即可得到从浅至深各反射层地质构造的平面形态以及各套岩层的厚度变化。

地质调查及地震勘探皆可看到地下岩层不都是水平的，而是呈倾斜状，起伏不平，并有断裂把岩层断开。因此，地震波在倾斜的岩层界面上的反射，就会发生不同程度的偏移。对于这种偏移的反射波，需要对其进行纠正，否则就不可能真实地反映地下岩层的厚度和地质构造的面貌。这就是应用计算机对地震资料进行偏移处理。另外，由于地震波在地层中传播时，其路径振动强度和波形等随着所穿越地层的性质和构造形态的变化而发生相应的变化。如果我们在地震检测的记录中掌握了这些变化的规律，同样也可以用计算机进行计算和处理。经过处理的地震剖面能够较为清晰地反映出地质构造形态及地层岩性等，为地质研究落实区域和局部构造创造条件。

(3) 地震资料解释

地球物理解释人员拿到经过处理的地震剖面(包括主干测线和连络测线)后，进行地质分析，结合地面地质调查及邻区地质资料等标定层位，确定断点并与相邻剖面进行类比，将地震剖面上有关数据和地质发现(如断层、地层岩性变化等)标在平面图上，并精心勾绘地震构造图、地层等厚图等，细心落实各种类型的圈闭(如背斜、断鼻等)。根据地震资料编制的地震构造图、地层等厚图是石油地质综合评价、选择钻探目标的最基本图件。从某种意义上讲现代油气勘探没有地震构造图、地震剖面图也就无法进行。由于地下构造的复杂性，特别是断陷盆地断层十分发育，构造十分破碎，断块起伏变化大，落实圈闭十分困难需要对地震资料进行反复处理和解释，去伪存真，去粗取精，准确地摸清地下构造、断裂的情况是十分重要的。因此地震勘探从野外资料采集→室内资料处理→地震解释，是一个不断改进、不断突破的过程。

2. 三维地震勘探技术

上面介绍的地震勘探技术通常称为二维地震技术。20 世纪 70 年代后发达国家开始使用三维地震技术。中国三维地震技术在 80 年代发展起来，现已形成包括野外资料采集、室内资料处理和成果解释的一整套技术体系，在油气勘探开发中发挥了重要作用。

三维地震是将地震测网按一定规格布置成方格状或环状地震面积勘探方法，它能大大提高地下共深度点(指炮点和检波点连线的中点，地震资料处理时首先是把解编中心点一致的地震道集中在一起，将时间转化为深度，称为共深度点)的数量和更真实地绘出地下构造形态。三维地震与二维地震的区别在于前者更加精细，得出主体的图像上下、左右、前后的变化皆可看到。二维地震剖面是固定的、有限的，而三维地震剖面则可以任意切割不同方向的剖面，对地下构造的认识更加深刻具体。

二维地震测线间距在 1000 米以上，有时达 4000 ~ 8000 米，三维地震测线间距 20 ~ 50 米，野外采集数据量极大，必须经过大型计算机处理之后，才能成为用于地质解释方面的资料。目前普遍采用人机联作系统解释。

油气勘探对二维、三维地震部署的要求：用二维地震资料获得区域及局部构造，布置预探井，发现油气层后部署三维地震，精细落实圈闭及储层变化，布置评价井，以提高钻探成功率。断陷盆地被断层复杂化的构造可以考虑用三维地震图布置预探井，以提高发现油气田的速度和效益。断裂构造复杂的渤海湾盆地各探区使用三维地震技术在查明小断块及薄砂体方面取得了显著效果，找到了二维地震没有发现的新断块，在油气藏描述和储层预测方面三维地震也发挥了不可替代的作用。

应该指出，三维地震在应对复杂地质构造、断裂和储层变化方面确实产生了好的效果。如果区域地质构造比较简单、岩性比较稳定、用二维地震资料可以解决地质勘探遇到的问题，就没有必要进行三维地震以节省勘探投资、降低成本，勘探决策人员要审时度势，正确决定使用哪种勘探技术。

3. 四维地震勘探技术(又称时间推移地震勘探技术)

把地震勘探技术应用到已开发的油气田上，了解油气田经过较长时间开采后，油气水变化状况，确定油气滞留区、高含水区等——四维地震勘探应运而生。

为什么要进行四维地震勘探呢？这是由于含油气面

积大，储量可观的大油田（如渤海探区绥中 36－1 油田）经过较长时间开采后由于地下储集层的不均质性和开采技术的差异性，油气田某些部位大量油气被采出，只有少量油气保存在地下，而油田的局部地区尚保留有相当数量的油气，具有可观的开采潜力。需通过新一轮地震勘探查清开发油气田油气分布的状况，以制订开发调整方案，在剩余油气分布区钻一批新井，千方百计把剩余油气开采出来，以提高油田最终采收率。

四维地震勘探的原理是：把开发初期的三维地震资料和开发较长时间后进行的三维地震资料进行精细对比，查清油气田横向和纵向含油气情况的变化，细致了解油气田各部位开采的详细情况，包括油气采出量、注水量、含水上升情况等。查明长期开采后油田含油气情况的变化及含油气层系情况的变化，一般情况是：孔渗条件好的油层油气多已采出，而孔渗条件差的油层尚保留有较多油气需要进行增产措施。四维地震技术的应用正处于实验阶段，需要勘探开发研究人员深入探索、开拓创新，把地下油气分布查清楚，才能对症下药，采取应对措施取得实效。

如果说三维地震勘探技术提高了油气勘探技术水平，找到了二维地震勘探难以发现的油气藏，而四维地震勘探技术将成为提高油气田开发水平、把地下油气资源最大限度开采出来、大幅度提高最终采收率的重要手段。

4. 海洋地震勘探技术

海洋中蕴藏着丰富的石油、天然气资源，海洋油气勘探前景广阔。20 世纪 60 年代，中国开展海洋油气勘探，从渤海和莺歌海起步，开展海洋地震实验。对外开放之后，引进外国技术和装备，地震勘探突飞猛进。在渤海、南黄海、东海、珠江口、琼东南、莺歌海、北部湾等盆地进行了大规模的地震勘探，找到了一大批油气田，投入开发后，中国近海石油天然气产量与日俱增。2010 年，近海油气产量突破 5000 万吨(油当量)，中国一跃成为海洋油气生产大国。

海洋地震勘探，是寻找油气田最经济有效的方法，海洋地震勘探既能确定沉积盆地和富油气凹陷的位置，又能落实储油气圈闭的位置、形态、埋藏深度等。在一定条件下，还能预测圈闭的含油气情况及压力状况等。经过特殊处理的地震资料是进行沉积和储层预测研究的基础资料。

海洋地震勘探速度快、效果好，是其他勘探方法难以企及的，与陆地地震勘探相比也有明显的优势。

海上地震勘探作业时，震源和检波器是连续运动作业、不需停下来的，也不需为放炮而钻炮眼，且海上没有障碍物、特殊的地形和其他限制因素，使得海上地震工作可以保持连续施工和测线的均匀分布，没有陆地地震施工常有迫使测线间断或改变线路的情况。

进行海洋地震工作的地震船，有精密的记录和处理系统以及人员生活供给品和数据存储装置。地震船上设有雷达和导航系统，依靠卫星定位，在航行中并不要求能见度，无论白天还是夜间、晴天还是雨天，皆能连续作业，使得海上地震勘探速度快、效益好、质量高。海洋地震船震源、接收装置位置见图 4 -4。

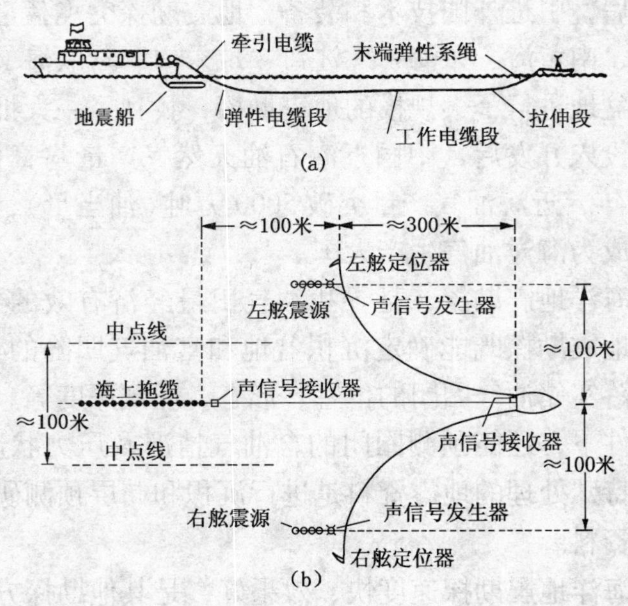

图 4 -4　海洋地震船震源、接收装置位置示意图

海洋地震勘探，就本质看，和陆地地震勘探没有什么区别，都是人工激发弹性波，用检波器接收反射波，由仪器把反射波记录下来。但是，与陆地不同，海洋多了漫无边际的海水这一条件，在勘探设备上与陆地有很大差别，有海洋地震震源技术和海洋地震的检波器系统，还有导航定位的设备和技术，使海上地震船能按设计要求运行，确保地震测线的准确无误。

(1) 导航定位的设备与技术

在海上进行地震勘探，如果没有导航定位设备与技术保证，那么任何海洋地质与地震资料都会因为缺乏明确的位置而变得毫无价值。海洋地震勘探最重要的任务是找到可能含油气的地质圈闭，定出探井井位。因此，必须有先进的导航定位装置及技术的保证。目前导航定位工作是依靠无线电设备和技术或者用综合卫星导航设备技术来完成的。

① 无线电导航定位的设备及技术原理。无线电导航定位在航海、航空领域上已是普通的一般技术了。没有该导航设备和技术，轮船、飞机就不能按预定的航线行驶，也不知道何时能到达目的地(码头或机场)。

无线电导航定位装置，主要由固定在海岸上的主发射电台和参考电台，以及装在地震船上的接收电台组成。岸上主发射台发出的无线电电波一方面直接传到地震船的接收台，另一方面传到参考台，经参考台调节后，再发射传到船上接收台。这样，船上通过接收岸上电台的无线电波讯号，确定自己的位置和要行驶的方向。

无线电定位导航的缺点是：应用范围较小，一般不超过300千米；受天波干扰不能昼夜24小时连续作业(天波干扰指每日早晚受日出日落影响，高电离层对电台发射波的干扰严重)。因为接收台在接收主发射台之间的相位差超过一个相位时就不能反射出来。因此，必须每天到已知点上对标两次。这样，在远离海岸的海域工作有很大的局限性。

② 卫星导航定位技术(GPS)。人造地球卫星导航定位，具有全球覆盖、全天候和精度高的优点。1968年开始在海洋石油勘探中采用卫星导航定位，并很快广泛使用。

卫星导航定位系统，包括用计算机使之与海洋物探仪器设备连接起来的卫星讯号接收机(多普勒声呐、陀螺罗经和劳兰C)，并实行自动控制。因为卫星是在一定时间间隔内(1~3小时)发来一个讯号，根据该讯号准确确定地震船的位置。在没有讯号的间隔内要确定地震船的位置，就要利用多普勒声呐所提供船的航行速度，以及用陀螺罗经(或惯性导航系统)提供的航向资料，再由数字电子计算机进行计算、校正，这样才可以随时确定航船的具体位置。也可以以卫星定位资料为基础，在其间隔内用劳兰C多次反复测距进行内插确定船的位置。海洋地震源是沿测线作均匀时间或等距离分布的，每次激发都要求综合导航确定其准确位置(或根据综合导航按地震要求确定的震源进行激发)。而激发时又必须使地震仪器处于工作状态，以便采集资料。因此，所有各个工作环节之间的联系和配合都要求综合导航系统中的计算机给予解决。即由计算机程序控制实行自动导航，自动使各种传感器所采集的信息，通过接收送入计算机，再经过计算机的运算，在其输出端给出航速、地震震源位置、格林尼治时间、经纬度、船的航向和航迹等。数字计算机的输出端可以是航迹绘图仪，也可以是其他剖面仪，以连续记录实际测线的位置。同时还要与监视示波器连接，以便对地震船的航行作到随时观察。为了避免或改正勘探过程中导航定位的失误，多采用磁带机自动采集定位资料，以便在丢失数据时能够恢复或重建航迹。

（2）海洋地震震源技术

陆上地震的震源主要是炸药引爆，而海洋地震如果以炸药引爆作震源，由于在海水中产生气泡延长了信号振动时间，效果不好。同时炸药爆炸危及海洋生物，破坏环境。现在海洋地震皆用非爆炸震源，主要有以下几种：

① 空气枪震源：就是通过一定装置使空气储集在一个容器内，经加压到一定程度后，突然在海水中释放，产生强大的冲击波，传播到地下深处，实现震源作用。

空气枪有常压和高压气枪两种。常压气枪的操作压力为13～14兆帕，这种气枪设备简单，脉冲信号能量强，操作方便，费用较低，为大多数地震船采用。高压气枪操作压力为30～35兆帕，要得到相同振幅的脉冲信号，高压气枪只需要相当于常压气枪的25%～50%的枪阵总容量。这样就使高压气枪的设备更简单，操作费用更低。

② 套筒爆炸器震源：利用丙烷和氧气在操作时所产生的压力脉冲作震源。爆炸器用钢材焊接成枪体，外面装上橡皮套筒组成气枪的枪室。

③ 蒸汽枪：这是法国研制的于 1982 年投入市场的新的震源系统。它包括两台 4000 千瓦的蒸汽枪，两台具有高压装置的加热锅炉，3 台用于气枪激发的空压机，用于监视蒸汽生产的控制室等。由于设备复杂，操作费用高，目前使用尚不普遍。

（3）海洋地震勘探的检波器系统

海洋地震勘探检波器系统，要放到海水中一定深度上，由地震船拖带施工，对其性能有严格的要求：

① 能抗船体对它的拖拽，在强拖力作用下，电缆仍能正常工作；

② 能最大限度地消除船体对它的拖拽噪声；

③ 能沉浮到任一指定深度上(一般为 6 ~ 13 米深度范围)工作；

④ 绝缘性能好；

⑤ 工作段上的工作道可以任意互换，当有不工作道时，更换容易。

为满足以上要求，现已发展成为一套较为复杂的水下等深电缆接收系统。它由前导段(又称牵引电缆)、弹性减震段(又称弹性电缆)、工作段(工作电缆)和尾部段(其中包括控伸段和末端弹性系绳)等部分组成。该接收装置由一系列 100 米长的分段组成，总长度可达 3000 米，前导段的牵引电缆是用于拖拽整个水下接收系统，并把地震讯号通过段插头传送到数字地震仪上去。

整个接收系统的外面，包裹着一条薄壁的可塑性软管，直径60~80毫米，软管内部装满煤油或其他油料，以保持浮力。电缆在水中的沉浮深度可以通过安装在电缆上的翼状物（又称水鸟）的翼面姿态来控制，通过旋转翼状物来升降电缆。

海洋地震勘探技术的发展，开拓了双拖缆与左右舷震源交替激发配合使用的三维地震技术，即用一条船后面挂两条拖缆进行施工。这样地震船做一遍就可以取得覆盖4条共深度点的测线，测线间距为20~25米。1988年又出现了用两艘地震船组成一体进行施工，每艘都装备一对地震震源和一对等浮电缆，4个震源依次激发，信号传向4根等深电缆，可同时产生16条共深度点测线，大大提高了海洋三维地震勘探效率，降低了作业成本，这种双缆、四缆地震技术为海洋油气勘探增添了新活力。

5. 高分辨率地震勘探

在地震勘探的各个环节，如震源、记录仪器、野外采集因素、数字处理、资料解释等，采用各种提高分辨率的地震勘探方法，称高分辨率地震勘探。使用该方法有利于研究地质构造的细微变化和砂体的纵横向变化。在莺歌海盆地寻找浅层天然气的过程中，用高分辨率地震剖面可以清楚看出砂体延伸的变化，在储层描述和储量计算中发挥了作用。

6. 海上多波地震勘探

是利用三分量检波器（可接受纵横波和垂直波）在海底记录反射的地震纵波和转换波，通过数据处理、波场分离，形成不同波场的地震剖面，提供丰富的地质、地球物理信息的一套地震勘探技术。该方法对突破地震模糊带，落实构造、断裂、岩性及含油气状况有一定效果。图4－5展示了海上多波地震采集方式。

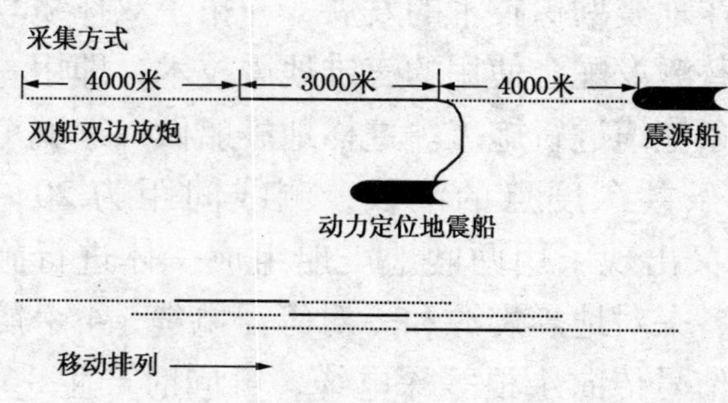

图4－5　海上多波地震采集方式

第三节　重力、磁力、电法勘探技术

20世纪50年代以来，在开展野外地质调查、地震勘探的同时，开展了重力、磁力、电法勘探，在研究区域构造、断裂、火成岩分布、单元划分等方面，发挥了一定作用。

1. 重力勘探

大约在100多年前，人们才开始把地面重力加速度的变化和地球内部物质密度的不均匀性联系在一起，由此产生了重力测量。

重力勘探是在重力测量的基础上发展起来的一门应用科学。

地面重力加速度的变化，主要取决于测点的纬度、高度、地形、地球潮汐和地球内各种岩石密度差异等五大要素。而从重力勘探的目的而言，这五种因素的最后一个因素所引起的重力变化对于找矿才有意义。因为，一般情况下，地下岩石密度的不均匀性往往和某些地质构造或某些矿产分布有关。所以，地下岩石密度的不均匀所引起重力加速度的变化，可以作为研究地下地质构造或寻找某些有用矿产的地球物理信息，这就是重力勘探的基本原理。

人们为了纪念重力加速度的发现者伽利略，把重力加速度的测量单位以 1 厘米/秒为一“伽”。重力勘探中的重力，就是这种加速度。重力测量的基本单位定为“毫伽”，即千分之一“伽”，编制的图件称为“布伽重力异常图”。

测量重力大小的仪器是重力仪，是根据静力平衡原理制成的。它有较高的灵敏度，能够测出微小的重力变化；它还具有一定的精确度，使平衡体的位移不受重力以外其他因素的干扰。重力仪的测读机构具有较高的放大能力，操作员可容易地读出平衡体微小位移所引起的格值变化。所以，重力仪能灵敏而准确地测出地球重力场的相对变化。重力场总强度 980000 毫伽，一般重力仪能测至十分之一毫伽。

重力勘探包括野外资料采集和室内资料整理两道工序。

野外资料采集是根据地质勘探要求布置重力测线，

按要求测量网点，在野外测取各个网点的重力值，记录到数据表上。回到室内对测取的重力值进行必要的校正，清除与地下岩石密度变化无关的干扰因素的影响，称为“重力异常校正”。经过校正而得出的重力值，就是与地下岩石密度变化有关的地质信息了。

重力测量数据校正后，得到的重力异常值，分为区域重力异常和局部重力异常。什么是区域重力异常？在正常沉积岩分布区没有局部矿体的区域背景上的重力异常，称为区域重力异常。什么是局部重力异常？有局部矿体存在并测得重力异常，称为局部重力异常。从局部重力异常中消除区域重力背景后，就得到了剩余重力异常，它是地下矿体或构造在重力上的显示。

根据重力异常值画出的布伽重力异常图，是油气勘探使用的重要图件。其中的正异常又称重力高，是基底抬升高、沉积岩厚度小的凸起或隆起，负异常又称重力低，是基底深、沉积厚度大的凹陷，是有利生油区。重力高、重力低反映的凸起或凹陷皆有找到油气田的可能性。

重力勘探成果主要解决油气勘探的区域性或深层次的问题，例如划分构造单元、落实大断裂位置(布伽重力异常图的重力密集带通常是深大断裂的位置)。研究构造圈闭，则需进行高精度重力勘探(重力测线十分密集，网点众多，能显示地下构造的细微变化)。

有经验的勘探工作者对重力勘探的地质解释，通常和地震、磁力、电法勘探成果结合起来，相辅相成、相得益彰，搞清地质结构、落实勘探目标。

2. *磁力勘探*

组成地壳的岩石普遍具有磁性，会产生各不相同的磁场，它使地球磁场在局部地区发生变化形成磁异常。利用仪器测定磁异常，研究它与地质构造、矿产的关系，根据磁异常特征进行地质构造及矿产预测，这就是磁力勘探的实质和主要任务。

通过对各种岩石的测定，发现火成岩、变质岩的磁性比较大，而沉积岩几乎没有磁性。通过测量磁力值的变化，可以大致确定火成岩、变质岩的分布范围及距地面的深浅。

磁力勘探使用的磁力仪，具有灵敏度高的特点，只要约有相当于小块吸铁石的千分之一到万分之一的磁性，就能测量出来。飞机携带的航空磁力仪，可在不同高度飞行中测量地面磁力值的变化，提高了工作效率。

磁力勘探包括地面磁测、航空磁测、海洋磁测和井下磁测等。磁力勘探也要根据地质调查的要求部署测线，测出测线网点上的磁力值，并据此编制磁力异常图。油气勘探工作者对地质地震、重力、磁力、电法等各种勘探图件进行综合分析，进一步落实地质构造、基底起伏等。磁力勘探对于确定火成岩分布、单元划分等方面有一定效果。精密磁力勘探可以确定地质构造和局部矿体，与地震勘探寻找圈闭有异曲同工之妙。

3. *电法勘探*

电法勘探是基于不同岩层具有不同的导电性的特点

来研究地下构造形态的勘探方法。包括大地电流和垂向测深。

大地电流法：通过测定地球内部的天然电流大小来研究地下构造。该勘探方法可为研究盆地区域结构、基底起伏状况等提供一定信息。

垂向测深法：是人工向地下通入电流(即建立人工电场)，再在地面上测定人工电场的电位变化。这些电位变化与岩层性质、岩层构造有密切关系，因而可以用来研究地质构造，为油气勘探提供信息。该法能大致确定地下构造的形态和埋藏深度，供勘探工作者参考。垂向电测深法原理见图4－6。

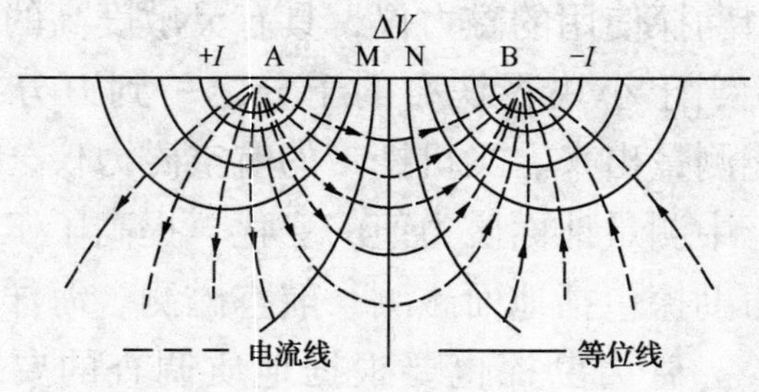

图4－6　垂向电测深法原理示意图

第四节　遥感技术

在地球上空日夜飞行的地球资源卫星，不断向地球送回照片和信息，既反映了地形、地物，也反映了地质构造和岩石矿物，为地质研究和矿产勘探提供了十分宝贵的信息，创立了一门崭新的科学——遥感地质学。

“遥感”即遥远的感知，野外地质调查是近距离观察，而遥感地质测量则运用遥感技术的远距离观察，是石油天然气勘探新技术、新方法的重要内容。

1. 遥感技术原理及应用

遥感技术是根据电磁波理论，应用现代技术，不直接与研究对象接触，从高空或远距离通过遥感器对研究对象的特殊处理方法。遥感地质就是通过在 350 ~ 1500 千米高空的地球资源卫星拍摄地球表面照片，再传回地面接收装置，进行处理和地质解释，使人们认识和掌握地质情况，为寻找矿产服务。遥感地质是近 30 年来发展起来的科学技术，它是地质科学技术现代化的重要方向之一。应用遥感地质为石油、天然气勘探服务，对于加深区域地质认识、掌握地质构造变化、明确进一步勘探方向有重要意义，已成为油气勘探中的一门新技术，正处于深入探索的阶段。

遥感技术运用了现代物理的电磁波理论、电子光学技术、电子计算机技术等，它具有高效率、高速度、高精度、低成本等特点，受到地质工作者的喜爱。

现代遥感技术有两种：一种是被动遥感，即利用传感器被动地接收地面物体对太阳光的反射以及它自动发射的电磁波，以了解物体的方法，一般称为遥感。另一种是主动遥感，是从卫星(或飞机)上向地面发射电磁波(脉冲)，然后利用传感器接收地球反射回来的电磁波，以了解物体性质。这种方法可以不依赖太阳光而昼夜工作，通常把它叫“感测”。用形象比喻：被动遥感就是如同人物照相一样，而主动遥感就象 X 光透视一样，了解地质构造或岩体较深部情况。

遥感技术应用电磁波的范围有：紫外波段、可见光波段、红外波段和微波波段的电磁辐射。其中的红外线，具有特殊的穿透能力，凡是具有半导性质的物质，对红外线来说都是透明的。地质体能发射的电磁波段，其范围很宽。要根据地质要求在摄像前正确选择工作波段和传感器，就能分别获得地面或地下一定深度的地质图像。卫星摄影要注意选择季节。冬季地面植被少，地质体裸露清楚，能增强摄影效果。

2. 遥感给地质调查插上了“翅膀”

地球资源卫星拍摄的地面相片，是按一定比例缩小的，客观、真实的地表自然景观的真实记录。放大以后，就是一幅立体的地形图。按照地质工作的需要遥感拍摄下来的卫星照片，能够把地形和各种岩石分布、地质构造现象等一览无余地记录下来，还能把地下一定深度的地质构造、岩体反映出来。这些照片经过地质解释和编绘工作，就成为地质勘探人员所需要的“地质地形图”。由于卫星居高临下，可把人们难以攀登的险峻地区拍照下来。遥感地质在一定程度上减少了野外地质人员跋山涉水、人工填图所面对的危险和困难，特别是在地形复杂、高寒缺氧的“生命禁区”，给地质人员带来了福音。卫星把人在地面上看不到的地质现象、矿产露头拍摄下来，有力地推动了地质勘探事业。

3. 卫星相片的计算机解释

不同地质体由于组成它们的分子、原子数量和排列组合方式的不同，它本身特有的发射和吸收电磁波性质也不相同，它们反射外来电磁波的性质也就不同。

科研人员通过仪器将图像的光信息转化成电信息，再将不同电压用不同数字来表示，这样就可以用计算机进行运算。根据不同的目的，对不同地质体的光谱进行运算，运算的目的：一是清除与物体光谱无关的干扰；二是突出目标物光谱，或以光谱的比值来显示人们所需要的调查目标。

清除干扰后的新图像，能够反映目标物真实亮度灰标(或色标)，这样就可以由计算机自动解释出具体目标物可能是什么东西了。

4. 卫星相片地质解释与野外验证

卫星相片经过影像增强、计算机解释等工作后，要由地质解释人员进行目视分析解释工作，具体步骤是：

① 从已知到未知。解释人员可以根据与相片相应范围的地形图和地质图，对已证实的地面和地下地质体，与卫星相片进行对照，“以图识相”，并在相片上建立解释标志，然后推断地形图或地质图上尚不清楚而相片有反映的未知地质体，得出必要的结论。

② 先易后难，积累经验。在解释过程中要先清楚

后模糊，先山区后平原，先地表显露构造、后深部隐伏构造，先整体后局部等。

③ 绘制解释地质图。当全部或大部分地质体解释完毕，即可按比例绘制出卫星相片地质图，以供勘探或研究使用。

④ 野外检查验证。不论卫星相片解释多么精细，野外验证必不可少。野外验证的大部分地质体要亲眼去观察。无法看到的则应用别的方法验证。千万不要因看不到而否定其存在。结合验证可以考虑对隐伏构造进行钻探或取样。

5. 卫星相片在石油、天然气勘探中的应用

遥感地质是石油、天然气勘探新的技术手段，它在新区，特别是沙漠、山地、高寒地区的勘探中起到了“先行一步”的作用，可以省略部分野外地质调查工作；还能够帮助地质家用已知区地质构造推断未知地区构造，或从露头地区向覆盖区延伸，如果发现新区有埋藏较浅、规模较大的地质构造，则预示勘探有重要突破。

应该指出，任何一项新技术、新方法，既有其科学价值，也有其局限性。遥感地质在解决宏观区域地质方面作用较大，而对微观的地质问题，如小型的埋藏较深的地质体，它就无能为力。遥感地质尚处于开发探索阶段，随着研究的深入，人们将从遥感地质中获得更多信息，对勘探有更多助益。图4－7是卫星摄像简要流程图。

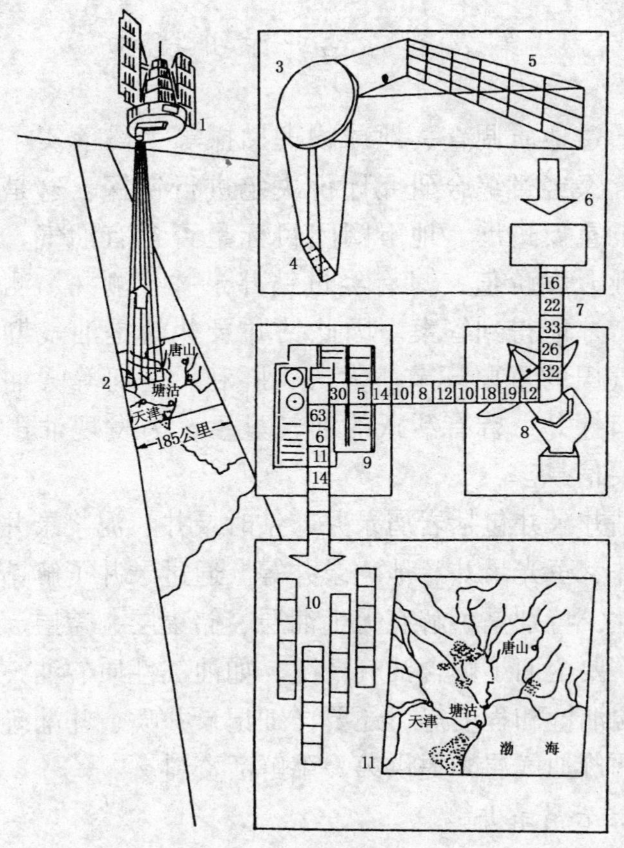

图 4－7 卫星摄像简要流程图

1—扫描地面地物反射发射光谱的星载传感器（多光谱扫描仪）；2—被扫描的 185 公里宽的地面；3—传感器内的摆动扫描镜；4—瞬时被扫描的 6 个地面分辨单元（每个单元面积为 79 米 ×57 米，相当卫星影像上的一个象元）；5—光通过反射镜反射到成像板上，分光成 4 个波段，连续传到 6 个检波器中（总计 24 个通道）；6—将光信号变成电压（伏特）数据的数据转化器；7—光信号变成电信号—电压数字值（0 ~ 63），此数据为线性数据；8—地面数据接收站，收录传感器数字转化器发射来的电压数据，记录在宽频磁带上，传送速度每秒 1500 万国际单位；9—空间飞行中心的一个处理机构；10—处理机构将宽频磁带上的数据，转变成图像，录在 4 个波段的黑白透明片上；11—利用滤光器，印成彩色胶片，最后制出彩色卫星影像

第五节　钻井录井技术

通过地质调查、地球物理勘探等手段落实了勘探目标，又经过综合研究评价决定进行钻探，这是油气勘探的重要进展。地下圈闭目标是否含有油气，是否有商业开发价值，只有经过钻井录井、测井、测试等手段，才能得到答案。因此钻井录井就是油气勘探发现油气田的重要环节。大庆、胜利、辽河等大油田的第一口探井，皆有活跃的油气显示，为发现油田提供了重要信息。

钻井录井包括岩屑录井、钻时录井、泥浆录井、气测录井、萤光录井、地化录井等。通过录井了解钻探地层岩性，特别是了解有无生油层、储集层、盖层、火成岩等。要全面了解含油气情况，如油气性质、油气层压力、含油饱和程度等，还要详细记录井喷、井漏等。为正确评价油气层，提供第一手鲜活资料。

1. 岩屑录井

钻井过程中钻头把岩层破碎成小块，被泥浆带出井口，在振动筛上被值班人员获取，经过冲洗、萤光湿照与干照显示情况一一记录在案，并把岩屑装袋，标明井号、井深等。油气层岩屑不同于一般岩屑，含油砂岩多为棕褐色，有油味，滴盐酸成珠状，萤光反射清晰，含油灰岩被钻碎，呈粉末状，要仔细查找。

钻井过程的岩屑，既有新钻的岩屑，又有已钻过岩层的岩屑，地质人员要认真判断某一深度段的岩屑，防止判断失误。取心或井壁取心，可获得可靠信息。

2. 钻时录井

记录钻穿每米岩层的时间，并画出钻时曲线。疏松的砂岩钻时短，泥页岩、火成岩、石灰岩等钻时长。钻时曲线成锯凿状，可以配合岩屑录井曲线，画出岩性剖面。钻探过程有时钻进石灰岩溶洞，发生放空、井壁垮塌等。地质录井人员要密切关注钻时变化，及时作出判断，防止钻井事故发生。

3. 泥浆录井

在探井钻探的全过程中，泥浆不停地循环，从钻杆内空间下去，通过钻头后再从钻杆与井壁之间的环形空间返回地面，泥浆不仅将岩屑带到地面，还有冷却和保护钻头的作用。

泥浆录井就是观察、记录泥浆性能变化及油气显示的情况。钻穿油气层时，一般在泥浆中有油花、气泡，可闻到油气芳香；如果钻到水层，地层水进入泥浆使其性质发生变化(黏度、比重下降，失水量增加)；钻进高压油气层大量油气进入井筒，可发生井喷；钻到灰岩缝洞，泥浆有进无出，可漏失大量泥浆甚至井壁垮塌，发生卡钻事故。因此，钻井地质人员要密切关注泥浆性能变化及循环状态，及时捕捉油气信息，并采取措施以确保泥浆循环正常，防止井喷失火、井毁人亡事故的发生。还要注意保护油气层，防止泥浆污染油气层或高比重泥浆“压死”油气层等。

4. 气测录井

为了及时捕捉到油气层，钻井人员使用气测仪器测出钻井过程中泥浆带上来的可燃气体(甲、乙、丙、丁烷等)的含量，画出气测曲线，这就是气测录井。

气测仪装置放在井口泥浆出口处，把泥浆中的气体收集起来，与空气混合后发生燃烧，使气测仪中铂丝的温度发生变化，导致电阻改变而影响电流的大小，每隔一定深度测量一次可燃气体含量，绘出全井气测曲线，并与其他录井资料结合，判断油气层深度、厚度等，还可根据气体中甲烷含量的高低判断是油层还是气层。纯气层甲烷含量高(在95%以上)，油层甲烷含量较低，乙、丙、丁烷含量较高，可达25%~35%。因此，可燃气体组合分析是判断油气层的重要方法。

5. 岩心录井

钻井过程中获得的岩屑体积甚小，难以测定岩石物性，还由于岩屑混杂，判断有难度。为了了解储集层孔隙度、渗透率、生油层生油指标等，钻井过程要取一定数量的岩心。取心长度根据地质研究要求确定。取心过程要进行岩心录井，记录整理取心深度、岩心长度、收获率(岩心长度占取心钻井长度的百分比)、岩心岩性及油气显示描述，并取样送实验室分析(包括储层物性、有机地化、油气水分析等)，编写岩心描述报告。岩心照片(图4-8)显示了岩性与含油气情况。

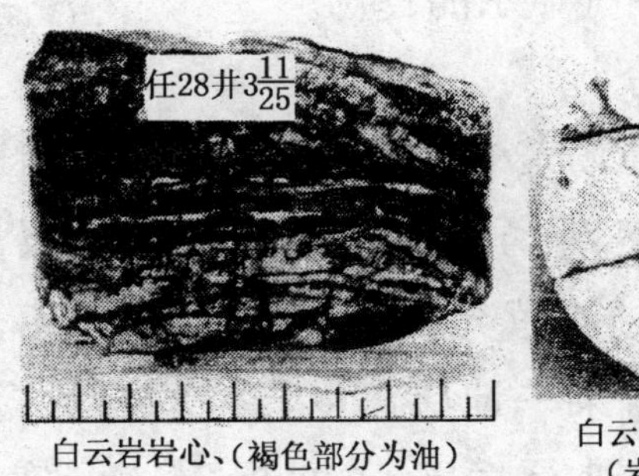

白云岩岩心、(褐色部分为油)　　白云岩裂缝含油（岩心断面）

图 4－8　岩心照片

探井完钻后，还要进行井壁取心，用以确定重要层段的地层岩性和含油气情况等，井壁取心亦可进行岩石物性、地化指标等的测定。

6. 地球化学录井

地球化学录井是 20 世纪 80 年代以来发展的新技术、新方法。其方法是对储集层岩石（砂岩、砾岩、石灰岩、白云岩等）进行热解分析，测得 S_0、S_1、S_2 等峰值。其中：S_0 是 $C_1 \sim C_7$ 气态烃化合物峰值；S_1 是 $C_7 \sim C_{33}$ 液态烃化合物峰值；S_2 是原油的 $C_{33} \sim C_{40}$ 重质烃化合物和部分胶质、沥青质的热解烃。

地化录井对发现油气层、判断原油性质、计算含油饱和度、解释油气水层有独特作用。比如对低熟油用热解的派生参数 *TPI* 就可以预测含油岩石的原油密度；对低孔低渗含油岩石用热解参数 P_g 来衡量其含油饱和度；钻井事故使用解卡剂使岩层受污染，用热解主峰值的相对含量可以辨别油气显示的真伪。

7. 定量萤光分析

通过便携式井场萤光测定仪对岩屑进行检测，其过程是用非萤光溶剂(异丙醇)将岩屑中的原油脱出，之后通过固定的过滤萤光计来测量样品的萤光强度，此强度表明来源于某一地层深度岩样的石油含量，通过对已知量原油进行萤光强度标定，可实现定量检测。

在钻井过程中识别生油层：由于黏土矿物对石油各组分吸附性不同，生油岩与石油产生组分分异。在芳香烃组分中，生油岩除二、三、四苯环易运移外，其他成分与原油相似。苯环波长基本在290纳米以上。即在生油岩中，萤光强度是异常的，而常规萤光无法看出来。

进入新世纪后，录井公司加大研究力度，面对高难度、大斜度、大位移的定向井、水平井及分支井的快速增加，及时发现钻探过程中的目标层和预测目标层的变化趋势成为现场地质录井的重要课题，录井随钻分析图(图4－9)显示了设计轨迹、实钻轨迹和测井曲线，为现场分析确定油气层创造了条件。

岩屑自动清洗机(图4－10)、岩屑显微数图象分析仪(图4－11)为录井自动化提高效率创造了条件。

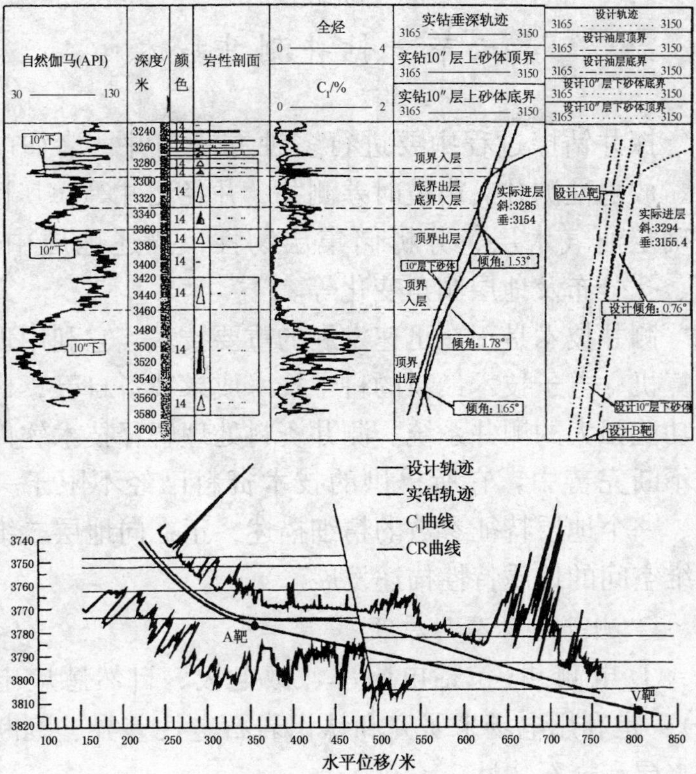

图 4－9　录井随钻分析图

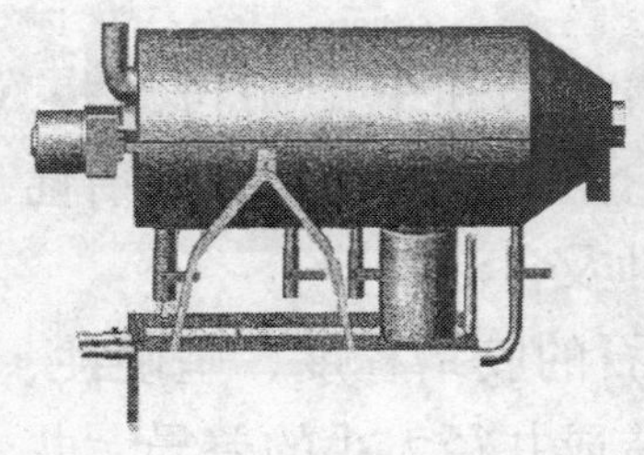

图 4－10　岩屑自动清洗机

图 4－11　岩屑显微数字图像分析仪

第六节　钻井测井技术

探井钻探过程中要进行多种方法测井，诸如电测井、放射性测井、声波时差测井、井径测井等，其目的是确定油气水层、分析储集层物性，描述地层中缝、洞、孔分布及地层倾角变化等。

测井技术是正在迅速发展的重要技术，它利用现代计算机、电子技术最新的科学技术成果装备自己，构成了功能强大的测井系统。测井资料处理解释技术软件正在不断完善中，它所提供的技术资料已经不限于一口井、一个地层特征参数的精细描述，正在向地层二维和三维空间的地质特性描述发展。

1. 测井项目及其原理

① 电测井(包括电阻率、微电极、自然感应电导等)：是利用电场来研究和认识岩石电性差异、判断油气水层和岩石物性。

② 声波时差测井：利用岩石传播声波存在速度的差别判断岩石物性等。

③ 放射性测井：包括自然伽马和中子伽马测井，是利用不同岩层中放射性物质含量的不同或吸收放射性物质的性能不同，用以判断岩性及含油气性。

④ 井径测井：由于不同岩石的胶结程度、坚硬性、可溶性和可塑性等种种差别，造成井径大小的差异。井径测井资料是判别岩性、划分岩层界面、不整合面和计

算固井水泥用量的依据。

2. 测井解释及应用

用测井解释技术对测井资料作综合处理解释，从定性到定量解释，是确定油气层的重要手段。

用测井资料判断油气层，要掌握油气层测井特点。油层特点是：微电极曲线为中等幅度，井径曲线油层段井径小于钻头直径，呈缩径状况。

气层特点：微电极、自然电位、电阻率等曲线与油层相近，只是声波曲线异常增大，感应电阻率和中子伽马等曲线增高。

测井解释已经由解释油气水层，发展到解释地层倾角、钻遇断层深度位置、地层中裂缝或孔洞形态等。通过解释技术可计算出地层的孔隙度、渗透率和岩层中所含流体的饱和度等计算油气储量需要的重要参数。图4－12展示了利用测井资料解释油气层的实例。

3. 测井装备及施工

现代化的测井装备有大型车载自动绞车、由成系列配套的电子技术制成的测井下井仪器、以计算机为中心组成的地面控制测井记录仪器。

测井施工时，可以把多种仪器组合串接在一起，一次下井测量，取得多项测井曲线资料，以缩短测井施工时间，地面上人机对话的计算机操作系统，可以记录井下仪器已采集到的测井资料。

运用现代电子技术和地球物理方法研究成果装备起来的测井仪器，不仅能在野外井场采集测井资料，并用

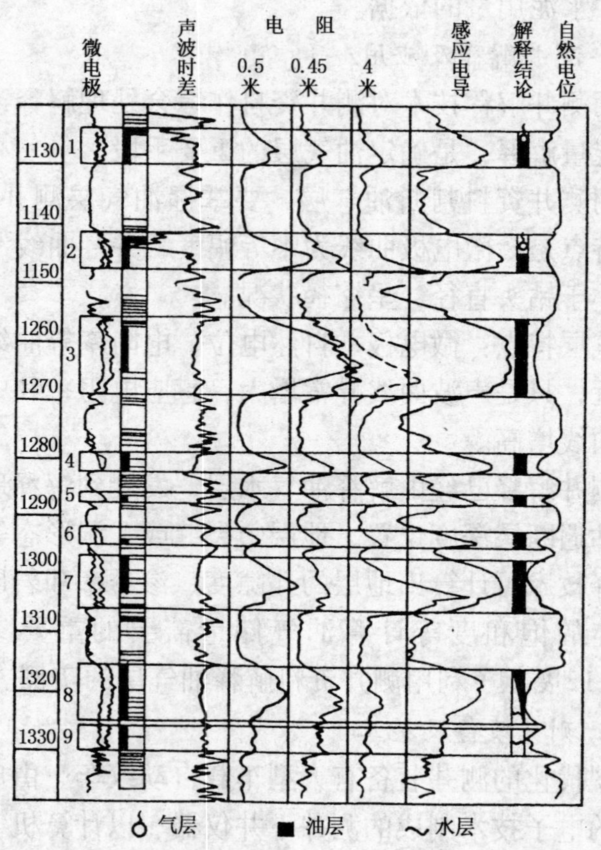

图 4－12 砂泥岩剖面综合测井曲线实例

现场机载计算机处理、解释出测井成果报告，同时还可利用地球通信卫星或载波技术把测井资料传送到测井解释处理中心，作进一步室内精细处理，为油气勘探开发更好地利用测井资料、提高勘探开发速度和效益创造条件。

第七节　钻井测试技术

钻井测试是发现油气田、确定其商业价值的重要步骤。钻探过程中见到油气显示或测井解释有油气层，需要考虑进行测试（试油），一旦测试获得工业油气流，就表示发现了油气田，需要进一步钻评价井，掌握油气田范围和油气储量，为开发作准备。

1. 钻井测试的方法与步骤

① 中途测试（又称钻杆测试）：在钻探过程中发现油气显示或测井确认有油气层，为及时获得油气层信息需进行中途测试。中途测试是利用钻井设备进行的测试。其方法和步骤是：把钻杆当作油管下到可能油层顶部附近，在钻杆上安装一节类似“青蛙肚皮”一样的封隔器，一经加压“青蛙肚皮”鼓胀起来紧贴井壁，把油层与其上地层隔开来，同时使油层与钻杆中心的空间连通，如果油层能量较大，油气进入井筒并从钻杆内空间流到井口装置，计量油气产量，并取样分析。还要下地层测试器到油层井段，测试油层压力。如果油层能量小，不能自喷，则采取抽吸或提捞方法，求出产量。中途测试后继续钻进到预定深度。

② 完井测试：是在钻达预定井深后，下套管、固井，采用射孔或使用筛管等方法进行测试，求取油气产量、油层压力、油气水性质等。

中途测试或完井测试后，对油层进行评价，确定是否找到油气田及进一步钻探意见。

2. 影响测试质量的因素

测试结果对油气勘探影响甚大，如果钻井测试获得工业油气流，就可以确定发现油气田。1959 年 9 月 23 日，松辽盆地北部大庆长垣上的第 1 口探井——松基 3 井(在高台子构造)喷出工业油流，标志着大庆油田的发现。

由于种种原因，影响测试质量自然影响油气田的发现。

影响测试质量的第一个因素是油气层污染、造成堵塞，这是影响测试质量的重要原因。探井钻到油气层，油气活跃发生井涌或井喷迹象，工程技术人员担心井喷失火，井毁人亡，酿成大祸，就在泥浆中加重晶石，提高泥浆比重。泥浆中的固体颗粒进入油气层孔隙，堵塞渗流通道，测试时油气不能流入井筒，影响了油气田的发现。

为防止泥浆污染油气层，采用优质轻泥浆，实施平衡或欠平衡钻井，即钻井液柱压力等于或略小于油气层压力，遇到井涌可以及时关闭旋转防喷器。影响测试质量的第二个因素是固井质量差，即井眼与套管之间的环形空间内水泥浆未充注严实(称“串槽”)，造成水层与油气层串通，射孔后产出的不仅有油气层的流体，还有其他渗透层的流体，测试不反映油气层真实情况使地质勘探人员难于对油气层下结论。

影响测试质量的第三个因素是射孔质量差，包括射孔弹未射穿水泥环形空间进入油气层，或穿透套管和水泥环的程度不够，油气层的油气不能充分进入井筒。

还有一个原因是射孔深度不准，在油水同层的情况下，射孔未避开水层，造成测试大量产水，影响了油层评价。

地质钻井、测井及研究人员要精心设计保护油气层措施，并努力提高测井、固井射孔质量，使测试结果真实反映油气层情况，及时发现油气田。

第八节　油气地质综合研究与评价

石油地质综合研究是通过收集多方面资料，运用新技术、新方法、新理论对含油气盆地进行综合评价，研究盆地、凹陷的油气成藏条件及油气聚集规律，计算油气资源量，明确富油气凹陷的有利区带，特别是寻找大中型油气田的勘探目标，制订勘探部署方案，力争用较少投入在较短时间内取得勘探突破，找到储量丰富的高产油气田。

世界各大石油公司为取得高额利润，在国际竞争中取得主动权，不惜投入巨资，开展基础性或生产性研究，石油公司与科研院所、大学实施产学研一体化，使科研成果迅速应用到勘探生产活动中，转化为现实生产力，取得显著效果。

“油气田首先是在地质家的头脑里”，这一至理名言的实质是：富有开创精神的地质勘探人员对各种方法获得的资料、信息进行深入分析，经过去粗取精、去伪存真、由此及彼、由表及里的改造制作，形成系统的认识，明确含油气盆地、富油气凹陷的油气聚集规律，制订切合实际的勘探方案，迅速找到有商业开发价值的油气田，特别是储量丰富的大中型油气田，打开盆地、凹陷的勘探局面，把头脑中的"油气田"转变成现实的油气田。

石油地质综合研究，包括各门类各专业的研究，可概括为以下重要内容：

① 板块构造研究：包括区域构造、二级构造带、构造发展史、古构造、大断裂的研究等。

② 地震地层学、层序地层学研究：包括各时代地层沉积相、储集体、旋回韵律、生储盖组合研究等。

③ 生油岩(烃源岩)与生油气条件研究：包括海相、陆相生油母质、有机质热演化、生烃机理、煤成油(气)、低熟油、生物气、页岩气、油气运移机理，既考虑有机成烃，又考虑无机成烃。

④ 地球物理勘探技术方法研究：包括地震、重力、磁力、电法、遥感、测井等各种方法的开拓创新，二、三、四维地震在油气勘探、开发中的应用等。

⑤ 含油气体系成藏动力学研究：包括各种类型盆地、各种断裂体系对油气生成、运移、聚集的影响，考虑地质动力条件、物理化学因素等进行地质模拟或分析，力求能较准确地预测各层系各单元油气聚集的特点和规律，有效地指导勘探。

⑥ 盆地分析与油气资源评价研究：深入研究盆地和凹陷的演化史、成藏史、单元区带评价等，努力提高勘探效益。

⑦ 油气勘探规划部署研究：全面分析勘探现状，制订勘探规划，对油气储量、产量增长进行预测，为石油、天然气产量稳步上升而努力。

⑧ 油气勘探经验研究：分析探区油气勘探历程、经验教训、勘探战略战术、勘探效益等，有效指导新一轮勘探。

总之，石油地质综合研究内容丰富，科研生产人员殚思竭虑、锲而不舍，付出极大的艰辛，才能取得真知灼见，更有效地指导勘探。

改革开放以来，通过学习引进发达国家的先进技术方法，开发有中国自主知识产权、有中国特色的技术和方法，我国油气勘探技术取得了显著进展，缩小了同发达国家的差距。但是，由于种种原因，我国油气勘探开发技术与世界先进水平仍有一定差距，复杂地形、地表、深海、高寒区的勘探则刚刚起步，地区差异明显，需要发扬大庆会战时艰苦奋斗、讲求科学的好传统，努力提高我国勘探水平。

第五章 油气勘探的实践与发展

中华人民共和国成立的 1949 年，中国石油总产量仅 12 万吨，其中天然石油产量约 7 万吨，仅有玉门、延长等几个油田。

为满足工农业生产、国防建设和人民生活对石油、天然气的需求，改变依赖洋油的被动局面，国家大力加强油气勘探，地质部负责地质普查，石油部负责油气勘探。20 世纪 50 年代，勘探活动集中于西部的陕西、宁夏、甘肃、青海、新疆、四川等省区，虽然找到了一些油气田，但远离经济较发达、用油较迫切的东部，通过专家论证决定战略东移，加强东北、华北、华东等地区的油气勘探，找到油气田并投入开发，进而促进东部经济发展。

1959 年 9 月发现大庆油田，是中国油气勘探的历史性突破，该油田投入开发，石油产量激增，1963 年基本满足国家需求，结束了长期使用洋油的时代。20 世纪 60 年代至 70 年代在华北、华东地区的油气勘探，相继找到了胜利、辽河、大港、中原、任邱等油田，形成渤海湾盆地油气区。松辽、渤海湾盆地一系列油气田投入开发。1978 年，中国石油产量突破 1 亿吨，进入了石油生产大国行列，不仅能满足国内需求，还能出口原油，换来宝贵的外汇。

四川盆地的天然气勘探也取得重要进展，在川南、川东找到了一批气田，促进了当地天然气化工产业的发展。

改革开放促进了中国经济的快速发展，对石油、天然气的需求大幅度增长，至 1993 年，进口石油超过了出口石油。面对新形势，国家提出了稳定东部、发展西部、加速海洋的勘探方针，在加强西部油气勘探的同时，海洋油气勘探开发对外合作，吸引外资、外国技术，加快了海洋油气勘探开发进程，在渤海、东海、珠江口、琼东南、莺歌海、北部湾等盆地找到了一大批油气田，中国进入海洋石油生产大国行列。

中国西部油气勘探在总结前期经验的基础上，解放思想、转变观念，用新技术、新方法、新理论推动勘探突破。鄂尔多斯、四川、塔里木、准噶尔、吐哈、柴达木、酒泉盆地的油气勘探取得重要进展；克拉 2 号、苏里格、长庆等大气田的发现，推动了西气东输、陕气入京等长输管线的建设；塔里木、鄂尔多斯盆地的天然气，源源不断地送入北京、上海、天津等城市及相应省份，满足经济建设和人民生活的需要。

60 多年来中国油气勘探经历了翻天覆地的变化，取得了举世公认的巨大成就，石油石化已成为中国的支柱产业。

中国油气勘探有哪些重要变化和重要经验值得记取呢？

第一节 自营与合作两条腿走路

海洋油气勘探投资大、风险高、周期长。20 世纪 60 年代至 80 年代初在渤海、东海、珠江口、北部湾、莺歌海等盆地开展了自营勘探，虽有油气发现，但因投资少、装备差，进展较慢。中央由此作出了海洋石油勘探开发对外开放的决策，划分招标区块，吸引外国公司进行风险勘探，一批石油公司到中国海域进行风险勘探，共吸引外资 120 多亿美元，我们学到了外国的先进技术和管理经验，经过消化吸收，中国海洋油气勘探技术和装备有了长足的进步。更重要的是发现了一大批油气田，并陆续投入开发，中国海洋油气产量快速增长，合作勘探功不可没。

在坚持合作勘探的同时，要重视自营勘探。这是因为不少外国公司由于种种原因陆续从中国海域撤走。考虑到中国海洋石油地质的复杂性和油气勘探的长期性，应该坚持自营勘探，找到外国公司没有找到的油气田，或由于某种原因外国公司未进行勘探的领域。自营勘探在渤海、珠江口、莺歌海、北部湾等盆地找到了一大批油气田，油气储量和产量大幅度提升。

应该说，通过合作勘探学习外国有益的经验，提高了勘探开发的技术水平，而自营勘探的进展，增强了自力更生、独立自主地发展油气产业的信心，两条腿走路是正确的发展方向。

第二节　统筹兼顾搞好战略布局

中国是油气勘探大国，沉积岩分布广、盆地类型多，既要考虑远古代、古生代海相地层油气成藏，又要考虑中、新生代陆相地层油气成藏，要统筹兼顾、综合部署，使油气勘探长期持续进行。无论是中国西部盆地还是中国东部盆地，皆有坚持勘探、不断突破的例证。例如松辽盆地发现大庆油田后，坚持研究和勘探，在大庆油田东侧凹陷找到了庆深大气田，使勘探领域不断拓展。鄂尔多斯盆地长期坚持研究和勘探，在古生代和中生代皆找到了大油田和大气田。

勘探工作者要不断解放思想，深入探索勘探新领域、新类型。

中国油气勘探应不断调整战略布局，从西部到东部再到海洋，勘探领域不断扩展，勘探理论不断创新，引导中国油气勘探向纵深发展。

第三节　大力提高科技水平发展实用技术

改革开放后，我们虚心学习发达国家石油公司的先进技术，在引进、消化、吸收的基础上，创造适合中国条件的技术系列，地震、钻井、测井、测试、分析化验等工作进步显著。同时我们也重视对地质理论和勘探方法的研究，诸如陆相生油理论、断块油田勘探开发技术等。长庆油田通过对石炭二叠系煤成烃理论的研究和勘探实践，找到了苏里格、靖边等大气田，对三叠系低孔渗油层沉积储层变化及油层改造措施的实验，使石油产量从几十万吨增长到几千万吨，打开了低孔渗油层勘探开发的大场面，具有重要的指导意义。

第四节　坚持速度和效益的统一

中国经济快速增长，对油气需求十分紧迫，加快油气勘探进程、增加油气产量是我们的责任。但是客观要求必须考虑客观实际，要充分认识陆地和海洋油气勘探的难度，必须加大研究投入，向新领域、新类型扩展。从常规油气勘探向非常规油气勘探扩展，稳扎稳打，步步为营，把有限的勘探投入转变为有效的多种类型的油气发现。努力提高勘探效益，不仅要精心选择勘探目标，定准井位，还要精心设计钻井“黄金轨迹”，力争有更多更好的油气发现，打开勘探新局面。

第五节　愈挫愈奋　坚持勘探

中国处于欧亚大陆、太平洋和印度、澳大利亚 3 大板块的会合部，它们的相互作用，碰撞或俯冲皆对中国产生强烈的影响，造成中国石油地质的复杂性和油气勘探的长期性、艰巨性。这是我们必须面对的客观现实。

中国油气勘探工作者面对复杂的地质情况，要有打持久战的决心。一次勘探未得手，要总结经验教训，深化地质认识，进一步分析油气成藏条件和油气聚集规律，进行二次勘探。许多盆地油气勘探几上几下，走过曲折的道路，不怕挫折和失败，愈挫愈奋，是中国油气勘探工作者的优良品格。

第六节　学习前辈　努力开拓

中国油气勘探从旧中国到新中国几代人艰苦奋斗，锐意进取，老一辈为我们留下了宝贵的精神和物质财富。

老一辈地质勘探工作者在极其困难和危险的情况下，到深山老林、戈壁、沙漠进行地质调查，努力为祖国寻找油气和各种矿藏。面对西方专家的种种论调，他们深入实际调查研究，探索中国地质特点和成藏规律。创立了地质力学、槽台学说、地台活化、波浪镶嵌构造陆相生油等多种学说，指出了中国矿产形成与分布的规律，十分难能可贵。这是老一辈地质勘探工作者留给我们的宝贵财富，我们要虚心学习老一辈开拓创新的理论勇气和脚踏实地、不畏艰险的实干精神。中国油气勘探积累了丰富的成果和经验，需要我们用辨证唯物论和历史唯物论的观点和方法进行总结，以指导 21 世纪的勘探实践。

第七节 开阔视野 大胆走向世界

利用两种资源、开拓两个市场的发展道路，引导中国石油公司走跨国公司发展道路，大力开拓海外市场，参与国际竞争，中亚、中东、非洲、拉丁美洲等皆有中国公司的活动足迹，通过 20 多年的努力，海外油气勘探开发硕果累累。独立或合作勘探找到了大油田，帮助一些国家实现了石油自给，中国的资金和技术推动了中亚地区油气勘探开发，并通过输油输气管线将油气送至中国。海外实践使中国油气勘探人员得到了锻炼和提高，掌握了跨国公司的管理方法，中国石油、中国石化、中国海油等公司的海外份额油稳步增长，为确保石油安全作出了贡献。

在勘探开发过程中，我们加深了对世界各地石油地质特点、油气聚集规律的认识，海外勘探水平不断提高。我们坚信，只要虚心学习外国公司的有益经验，深入体察各地区地质情况，运用中国油气勘探的宝贵经验，一定能不断取得海外勘探的主动权，在海外竞争中立于不败之地。

第六章　勘探远景与发展战略

中国油气勘探发展潜力和油气产量的增长空间是人们关注的问题。改革开放以来，经济快速发展对石油、天然气的需求十分巨大，国产油气远远不能满足需求。2010年进口石油已达2.39亿吨，自给率仅占44%，能源安全已敲响警钟。中东、北非的动乱对中国进口海外石油造成了一定的影响。

通过对中国油气资源状况的分析，初步认为中国陆地和海洋的油气勘探尚有很大潜力，近期的勘探开发进展，增强了人们的信心。陆地老油气区开拓新层系、新领域、新类型，取得了重要进展；近海的渤海、珠江口、北部湾等盆地的石油产量快速增长，珠江口、莺歌海等盆地新气田的发现，特别是深水区的重要发现，提高了近海盆地的战略地位；南方诸省石油、天然气和页岩气的勘探将推动该地区的油气发现；南中国海（南海）沉积盆地多，油气资源丰富，是重要的战略后备区；高科技的运用将推动低孔渗储层、煤层气、页岩气、可燃冰等非常规油气的勘探开发。加大研究和勘探力度，创新思维，中国油气勘探将迎来新的高潮，石油、天然气的储量和产量也将出现新的增长。

第一节　老油气区开拓新层系、新类型向纵深发展

松辽、渤海湾、塔里木、准噶尔、柴达木、鄂尔多斯、四川等盆地已有几十年至上百年的勘探史，勘探工作者长期坚持研究和钻探，不断产生新发现、新突破。松辽盆地三肇、德惠、农安等凹陷，找到一批气田，天然气产量稳步上升，表明松辽盆地既是油盆又是气盆。

九十年代以来渤海湾盆地海域陆续发现了一批古近系、新近系大油田，渤海石油产量突破 3000 万吨，展示了新潜力；鄂尔多斯盆地已有百年勘探史，坚持研究和钻探，三叠系低孔渗油层压裂效果明显，石油年产量突破 3000 万吨，石炭—二叠系天然气勘探也取得重要进展。四川盆地天然气勘探从三叠系起步拓展到二叠系、石炭系、震旦系，近期又在三叠系找到普光、合川等大气田，表明只要坚持研究、不断探索，就会有新突破。大庆提出“百年油田”，就是要坚持不懈地找油找气，使油气储量和产量有所增长。

第二节　近海盆地油气储量和产量将有新增长

渤海、珠江口、莺歌海、北部湾等盆地已建成可观的生产能力，但是北黄海、南黄海、东海、台西等盆地

勘探程度低，尚有很大勘探潜力。面积达 26 万平方公里的东海盆地是中国近海第一大盆地，仅钻探少量圈闭，勘探程度甚低。综合分析确认：东海盆地的西湖凹陷，既有大型断裂构造带，又有大型圈闭，是近期寻找大中型油气田的重要单元，东海盆地油气产量将大幅提升。珠江口、琼东南盆地深水区勘探取得重要进展，找到了大中型气田。莺歌海盆地中深层有大型圈闭和储集体，但处于高温高压状态。经过长期攻关，适应高温高压状态的钻井、测井、固井技术日臻成熟，将加快中深层的突破。中国海油在“十二五”规划中提出，2015 年油气产量将达到 6500 万吨，2020 年将达到 1 亿吨。

第三节　南方十一省油气勘探潜力不容低估

四川、云南、贵州、广西、广东、湖北、湖南、江西、福建、安徽、浙江等十一省区所在的扬子、华南地台，有厚达数千米的古生代至中生代沉积岩，油气苗广泛分布。中新生代构造、断裂活动，造成了复杂的地质景观，制约了油气勘探，特别是广泛分布的逆冲断裂，对地下构造造成了屏蔽。近年来的地震攻关，取得了一定进展，要根据新资料建立新认识，优选相对稳定、油气保存条件较好的单元开展勘探攻关，谋求突破。

四川盆地“川中地台”已找到一批侏罗系油气田，既有砂岩储层，又有介壳灰岩储层，油气分布不受局部构造控制，背斜、向斜、斜坡皆有油气分布，不同构造部位皆有高产井分布。龙门山、大巴山、华莹山逆冲断裂下降盘，是油气聚集的有利部位。加大勘探研究和钻探力度，四川盆地将找到一批各种类型的侏罗系至上三叠统大中型油气田。四川盆地不仅是大型天然气生产基地，也是大型石油生产基地，有效的增产措施将使低孔渗储层产出大量石油。四川盆地油田分布见图 6－1。

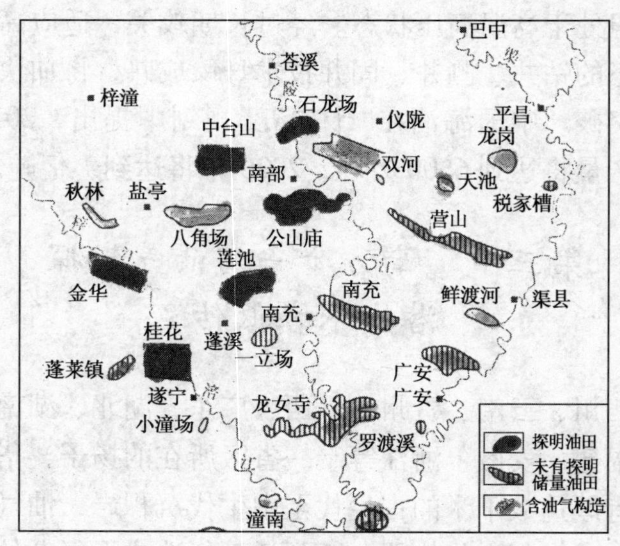

图 6－1　四川盆地侏罗系油田与含油气构造分布

还应指出，南方十一省的元古界至古生界，有厚度可观的泥页岩生油层，是寻找页岩气的有利单元。四川、重庆、贵州、安徽等省市，已开展页岩气勘探试验，可望有重要发现。

第四节　青藏高原油气、可燃冰资源丰富

古地理研究说明，青藏高原一带原为大型沉积盆地，沉积了巨厚的海相沉积岩，既有生油岩又有储集层和盖层，中新生代板块构造运动，使之强烈隆升，形成众多山脉和高原，局部地区沉积岩保存较好，具备成藏条件。新一轮石油资源评价显示，羌塘盆地石油远景资源量达84.73亿吨，居大盆地第六位。此外，西藏一些盆地的钻探已获油流。“世界屋脊”的油气勘探开发具有重要的理论和实践意义。青藏高原沉积盆地分布见图6－2。

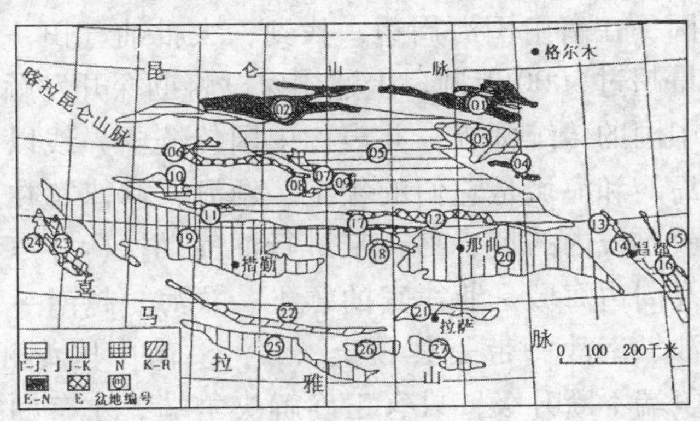

图6－2　青藏高原沉积盆地分布

1—可可西里盆地；2—羊湖盆地；3—沱沱河盆地；4—莫云盆地；5—羌塘盆地；6—戈木错盆地；7—玛尔果茶卡盆地；8—帕度错盆地；9—双湖盆地；10—先遣盆地；11—康托盆地；12—伦北盆地；13—囊谦盆地；14—昌都盆地；15—前进盆地；16—贡觉盆地；17—伦坡拉盆地；18—班戈盆地；19—措勤盆地；20—比如盆地；21—拉萨盆地；22—日喀则盆地；23—波林盆地；24—达盆地；25—定日－岗巴盆地；26—江孜盆地；27—羊卓雍错盆地

祁连山南坡和青藏高原的可燃冰发现，是高寒地区新的勘探领域，引起了国土资源部和油公司的重视。随着勘探的深入、研究的进展，中国陆地和海洋可燃冰将成为天然气勘探的重要内容，并可提升中国天然气产量，减少对外国的依赖。

第五节　南中国海是重要接替战场

位于广东、海南两省南部，被越南、马来西亚、印度尼西亚、文莱、菲律宾等国包围的南中国海，分布着一大批沉积盆地，有丰富的石油天然气资源。南海周围的越南、马来西亚、印度尼西亚、文莱、菲律宾等国，在南中国海周边，找到一大批油气田，最高年产量超过5000万吨。上述国家已将勘探开发触角伸进了中国的传统疆界，并声称中国传统疆界线以内的许多岛屿和海域是它们的领土、领海，菲律宾在中国传统疆界线内的黄岩岛一带进行油气勘探，并声称黄岩岛及周边海域是菲律宾的领土、领海。越南一直声称西沙、南沙一带是其领土、领海。南中国海领土、领海争端不断升级，只有正确解决争端，才有勘探开发油气的可能。

邓小平同志审视南中国海周边态势时，审慎提出了"主权属我、搁置争议、联合开发"的方针，力求用和平协商的方法解决争端，合作开发油气资源。

中国、越南、菲律宾3国在南中国海东北部进行的联合地震作业（中国是作业者），是联合开发的尝试。南沙海域沉积盆地分布见图6－3。

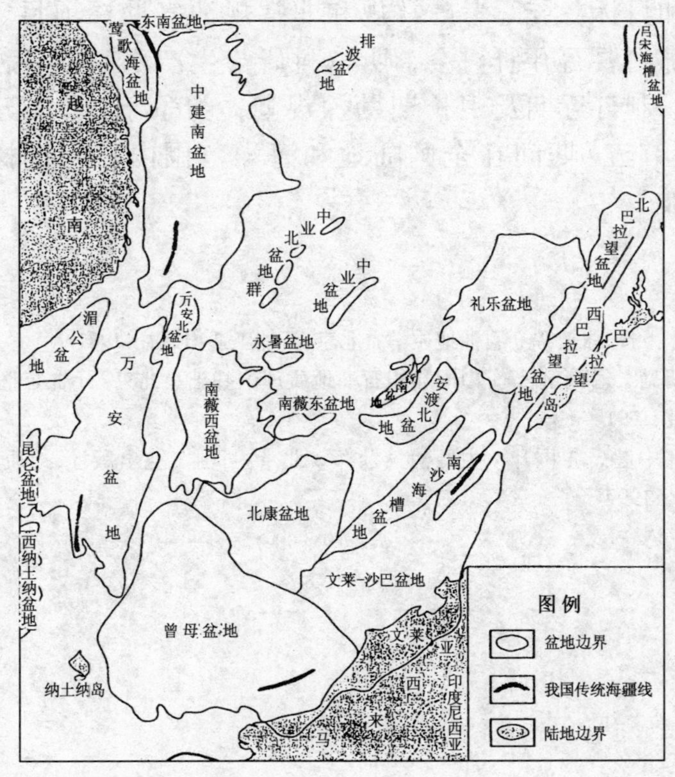

图6－3　南沙海域沉积盆地分布

中国在南中国海有6个岛礁，台湾占有太平岛。为加快南中国海油气勘探，应考虑在郑和盆地一带的南薰礁区域进行地震勘探，落实地层、构造、断裂等，进行综合评价，并考虑通过钻井了解区域地质及生储盖层，为寻找油气田创造条件。

综上所述，中国陆地及海洋油气资源丰富，进一步勘探大有可为。应制订发展规划，选择战略突破方向和目标，统筹考虑常规和非常规油气勘探项目。有关部门要召开研讨会，听取科研与生产部门的各种意见，制订近期及中长期勘探规划，力争于“十二五”、“十三五”期间在全国陆地和海洋范围内取得勘探新突破。

参 考 文 献

1 张万选，张厚福．石油地质学．北京：石油工业出版社，1981

2 胡见义，黄第藩等．中国陆相石油地质理论基础．北京：石油工业出版社，1991

3 邱中健．龚再升．中国油气勘探．北京：石油工业出版社，地质出版社，1999